EUL VERLAG

Reihe: Medienmanagement · Band 3

Herausgegeben von Prof. Dr. Thomas Breyer-Mayländer, Offenburg

Diplom-Ingenieurin (FH)
Petra Branz

# Effizienz und Effektivität von Marketingkooperationen

Mit Geleitworten von
Prof. Dr. Thomas Breyer-Mayländer, Hochschule Offenburg,
und Simon Thun, Noshokaty, Döring & Thun – Agentur für Marketing & Kooperationen

EUL VERLAG

**Bibliographische Information der Deutschen Bibliothek**

Die Deutsche Bibliothek verzeichnet diese Publikation in der Deutschen Nationalbibliothek; detaillierte bibliographische Daten sind im Internet über <http://dnb.ddb.de> abrufbar.

ISBN 978-3-89936-771-3
1. Auflage Februar 2009



JOSEF EUL VERLAG GmbH
Brandsberg 6
53797 Lohmar
Tel.: 0 22 05 / 90 10 6-6
Fax: 0 22 05 / 90 10 6-88
E-Mail: info@eul-verlag.de
http://www.eul-verlag.de

**Bei der Herstellung unserer Bücher möchten wir die Umwelt schonen. Dieses Buch ist daher auf säurefreiem, 100% chlorfrei gebleichtem, alterungsbeständigem Papier nach DIN 6738 gedruckt.**

## Geleitwort des Herausgebers

Die vorliegende Arbeit von Petra Branz beschäftigt sich mit einem für viele Marktpartner spannenden Thema. Viele Unternehmen leiden unter einer sehr komplexen Kommunikationssituation. Zielgruppen lassen sich immer weniger nach einheitlichen Kriterien, wie etwa Soziodemografie oder Konsummerkmalen, beschreiben und so entsteht die Notwendigkeit für Unternehmen, ihr breit gestreutes Zielpublikum in Nischenumfeldern zu erreichen. Diese Nischen lassen sich jedoch weder über fein ausgearbeitete Mediapläne noch über zielgruppengenaue Events so ansprechen, dass es noch mit dem Budget einer normalen Kampagne vereinbar ist. Die Notwendigkeit der Kooperation wird offensichtlich. Gleichzeitig stellt sich die Frage nach Chancen, Risiken und Erfolgsfaktoren einer Marketingkooperation, die selbstverständlich nicht auf den in unserem Beispiel ausgeführten Kommunikationssektor beschränkt sein muss.

Die Abhandlung von Frau Branz ist ein gelungenes Beispiel für die Kooperation von Unternehmen und Hochschule. Die Arbeit entstand im Rahmen einer Diplomarbeit, die im Studiengang Medien und Informationswesen der Hochschule Offenburg eingereicht wurde. Dabei konnte die Autorin auf zahlreiche praktische Erfahrungen ihres Unternehmenspartners zurück greifen, weshalb die Arbeit sich dadurch auszeichnet, dass das Thema sehr aktuell und praxisnah aufbereitet werden konnte.

Damit liegt ein Werk vor, das nicht nur für Leser aus dem Hochschulumfeld interessant ist, sondern auch Praktikern, die sich einen Überblick verschaffen möchten, eine wertvolle Hilfestellung liefert.

Offenburg, Januar 2009

Prof. Dr. Thomas Breyer-Mayländer
Dekan der Fakultät Medien und Informationswesen
Hochschule Offenburg
breyer-maylaender@fh-offenburg.de

## Geleitwort des Unternehmenspartners

Seit einigen Jahren ist in der Unternehmenspraxis vermehrt die Zusammenarbeit unabhängiger Unternehmen auf der Wertschöpfungsstufe des Marketing zu beobachten. Mittlerweile lassen sich alleine in Deutschland pro Monat regelmäßig mehr als 70 überregionale Marketingkooperationen zählen: Unternehmen führen gemeinsam Kommunikations- oder Vertriebsmaßnahmen durch, arbeiten im Rahmen von Sponsoringaktivitäten zusammen oder erschließen Wachstumspotenziale durch Lizenzierungen. So unterschiedlich die Erscheinungsformen von Marketingkooperationen auch sind, im Kern geht es den beteiligten Unternehmen in allen Fällen darum, durch die Bündelung spezifischer Kompetenzen und/oder Ressourcen ihre jeweiligen Marketingziele zu erreichen. Dem liegt die Grundannahme zugrunde, dass eine Zusammenarbeit ("cooperate") im konkreten Fall wirtschaftlich sinnvoller ist als die alternative eigenständige Durchführung der Maßnahmen ("make" oder "buy").

Auch von der Forschung ist das Thema Marketingkooperationen mittlerweile aufgenommen worden. Eine Reihe wissenschaftlicher Arbeiten beschäftigt sich mit der Systematisierung von Erscheinungsformen, der Identifikation von Erfolgsfaktoren sowie der Ableitung von Gestaltungs- und Managementimplikationen.

Im Fokus der vorliegenden Arbeit steht ein bisher weniger beleuchteter, jedoch entscheidender Aspekt des Themas Marketingkooperationen: die Grundannahme der Vorteilhaftigkeit von in Kooperationen durchgeführten Marketingmaßnahmen gegenüber alternativen Ansätzen. Die Autorin hat es sich zum Ziel gesetzt, Grundlagen für eine ganzheitliche Erfolgsmessung von Marketingkooperationen und damit eine Vergleichbarkeit mit Alternativen zu schaffen. Vor dem Hintergrund einer Analyse der in der Praxis beobachtbaren Typen, Zielsetzungen und Rahmenbedingungen von Marketingkooperationen werden Verfahren und Kennzahlen zur Messung von Effizienz und Effektivität im Marketing im Allgemeinen sowie von Marketingkooperationen im Speziellen dargestellt.

Wesentliches Ergebnis der Arbeit ist eine Musterstruktur für die Erfolgsmessung von Marketingkooperationen, welche die Berücksichtigung sämtlicher relevanten Einflussgrößen unterstützt. Damit liefert die Autorin einen gut strukturierten Beitrag sowohl für die Unternehmenspraxis als auch für die wissenschaftliche Diskussion zu den "Total Costs of Cooperation".

Berlin, Januar 2009

Simon Thun
Geschäftsführender Gesellschafter
Noshokaty, Döring & Thun
Agentur für Marketing & Kooperationen

# Vorwort

Diese Arbeit entstand an der Hochschule Offenburg. Sie wurde im Oktober 2008 an der Fakultät Medien und Informationswesen als Diplomarbeit zur Erlangung des akademischen Grades Diplom-Ingenieur(in) FH angenommen. Die hier vorliegende Version wurde zu Zwecken der Veröffentlichung in einigen Teilen angepasst.

Der Diplomarbeit vorausgegangen war ein Praktikum in der Agentur für Marketing & Kooperationen Noshokaty, Döring & Thun in Berlin. Die Themenwahl wurde in Zusammenarbeit mit Herrn Simon Thun getroffen.

Mein besonderer Dank gilt Herrn Prof. Dr. Thomas Breyer-Mayländer für die umfangreiche Betreuung der Arbeit und die angebotene Möglichkeit, das Ergebnis in seiner Schriftenreihe zum Thema Medienmanagement zu veröffentlichen, Herrn Simon Thun für die inhaltliche Unterstützung der Arbeit sowie die Bereitstellung von wichtigem Material, Frau Nathalie Haidlauf und Herrn Sebastian Weber für das Lektorat und die fachliche Hilfestellung.

Weiteren Dank möchte ich meiner Familie, meinen Freunden und meinem Lebensgefährten Valentin Jungert aussprechen.

Fridingen, Januar 2009 Petra Branz

# Inhaltsverzeichnis

## Abbildungsverzeichnis



## Tabellenverzeichnis

# 1. Einleitung

Tagtäglich begegnen wir als Konsumenten neuen und meist innovativen Marketingkooperationen. Dies kann z.B. ein neues Produkt, das aus der Kooperation zweier Marken hervorgegangen ist, oder ein gemeinsames Gewinnspiel sein. Marketingkooperationen sind äußerst vielfältig und bieten den Marketingverantwortlichen viel Spielraum für Kreativität.

Marketingkooperationen gelten als sehr vorteilhaft. Die in diesem Zusammenhang in der Regel anführten Vorteile reichen von Image- und Bekanntheitssteigerungen durch Synergietransfers, über Zugang zu neuen Märkten und Zielgruppen/Kunden, bis hin zu Kostenminimierung. Daher erscheint es kaum verwunderlich, dass innerhalb der letzten Jahre ein kontinuierlicher Anstieg an Kooperationen in Deutschland verzeichnet werden konnte.

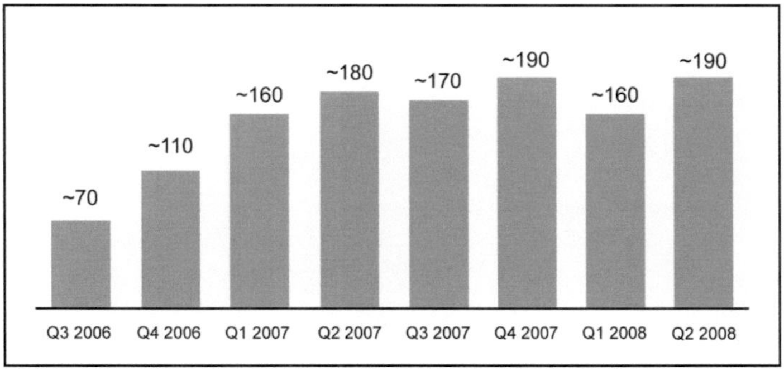


**Abbildung 1:** Anzahl der neu etablierten Marketingkooperationen in Deutschland
Quelle: Kontinuierliches Markt-Screening von Noshokaty, Döring & Thun.

Marketingkooperationen haben dabei den Ruf effektiver und effizienter als ein individuelles Vorgehen der Unternehmen im Marketing zu sein. Bislang gibt es jedoch auf diesem Themengebiet kaum Literatur oder Verfahren zur Messung von Effizienz und Effektivität. Daher soll diese These in der vorliegenden Arbeit kritisch hinterfragt und eine Methode zur Erfolgsmessung entwickelt werden. Anhand einer 'Musterstruktur', die sich aus relevanten Kenngrößen bereits durchgeführter Marketingkooperationen (im Speziellen Vertriebspartnerschaften) zusammensetzt, soll eine Überprüfung der Effizienz und Effektivität von Kooperationen ermöglicht werden.

Zu Beginn der Arbeit werden die begrifflichen Grundlagen geschaffen. Hierfür findet eine Auseinandersetzung mit den Begriffen 'Kooperation', 'Unternehmenskooperation' und 'Marketingkooperation' statt. Außerdem wird die Verwendung der Begriffe 'Effizienz' und 'Effektivität' erörtert.

Sämtliche Grundlagen von Marketingkooperationen werden in Kapitel drei erläutert. Zunächst werden unterschiedliche Typen von Marketingkooperationen beschrieben, danach folgen Zielsetzungen, Rahmenbedingungen, Vor- und Nachteile, sowie eine detaillierte Darstellung eines Kooperations-Lebenszyklus.
Das Kooperationscontrolling stellt den Übergang in den Hauptteil dar, der sich mit der Ermittlung von Effektivität und Effizienz im Marketing und bei Marketingkooperationen befasst. Hier werden unterschiedliche Verfahren zur Erfolgskontrolle vorgestellt und eine Musterstruktur, basierend auf Input-, Output- und Zielgrößen, zur Ermittlung von Effizienz und Effektivität bei Marketingkooperationen entworfen.

Im fünften Kapitel wird das erarbeitete Modell anhand eines realen Fallbeispiels einer Vertriebspartnerschaft angewendet und anschließend ausgewertet. Über die zentralen Erkenntnisse wird im Fazit Aufschluss gegeben.

- **Kapitel 1** Einleitung
- **Kapitel 2** Definitionen und Grundlagen
- **Kapitel 3** Grundlagen von Marketingkooperationen
- **Kapitel 4** Effizienz und Effektivität von Marketingkooperationen
- **Kapitel 5** Anwendung der Musterstruktur zur Erfolgsmessung
- **Kapitel 6** Fazit

**Abbildung 2:** Übersicht Struktur der Arbeit
Quelle: Eigene Darstellung

# 2. Definitionen und Grundlagen

In diesem Kapitel werden die begrifflichen Grundlagen für den Einstieg in das Themengebiet der Effizienz und Effektivität von Marketingkooperationen geschaffen. Zuerst werden Definitionen und Unterschiede der Begriffe Kooperation und Unternehmens- und Marketingkooperation erläutert. Im Anschluss werden die Begriffe Effizienz und Effektivität im allgemeinen und wirtschaftlichen Sprachgebrauch, und bei der Verwendung im Marketing geklärt.

## 2.1 Marketingkooperationen als ein Typ von Unternehmenskooperationen

### 2.1.1 Kooperationen allgemein

Der Begriff 'Kooperation' stammt aus dem Lateinischen und bedeutet soviel wie 'Zusammenarbeit' oder 'gemeinsame Aufgabenausführung'.[1] Im allgemeinen Sprachgebrauch bezeichnet 'Kooperation' jegliche Form der Zusammenarbeit zwischen Personen und/oder Institutionen[2] wie Unternehmen oder öffentlichen Einrichtungen.[3]

Die betriebswirtschaftliche Literatur liefert, je nach Untersuchungszweck und wissenschaftlichem Bereich, unterschiedliche, auch enger gefasste[4], Definitionen des Begriffs 'Kooperation'.

Außerdem werden in der Literatur eine Reihe von deutsch- oder englischsprachigen Synonymen, wie 'Strategische Partnerschaft', 'Allianzen' ('alliances'), 'Koalitionen'[5] und 'collaborations' gebraucht.

Bisher wurde keine Einigung über den Kooperationsbegriff erzielt, weshalb seine Verwendung weder einheitlich noch widerspruchsfrei ist[6].

---

1 Vgl. Hirschmann (1998), S. 13.; Rotering (1993), S. 6.

2 Vgl. Schnoedt (1994), S. 35.

3 Vgl. Hellfeier (1999), S. 34.

4 Vgl. Schnoedt (1994), S. 35.

5 Vgl. Bolten (2000), S. 6.

6 Vgl. Schögel (2006), S. 3.

Für die vorliegende Arbeit trifft die Definition von Reinhart jedoch am besten zu, die unter Kooperation

> „[...] *die arbeitsteilige, zielgerichtete Zusammenarbeit von selbständigen Personen, Gruppen oder Organisationen (den sog. Kooperationspartnern)*
> a) *auf Basis gemeinsamer Werte und Normen*
> b) *auf der Grundlage ähnlicher Ziele, Interessen und Prioritäten bzgl. eines Vorhabens sowie*
> c) *der Perspektive eines erreichbaren, eigenen Vorteils aus dem Gesamtergebnis für alle Beteiligten* [...]“[7]

versteht. Zusätzlich stellt Marion Friese folgende wesentliche Merkmale von Kooperationen auf:

- Rechtliche und teilweise ökonomische Unabhängigkeit der Kooperationspartner
- Verhaltenssteuerungsfunktion
- Vorteile zur Erreichung der Ziele im Vergleich zur individuellen Maßnahmenergreifung[8]

Die genannte Definition und die wichtigsten Kooperationsmerkmale sind auch Grundlage für die Begriffe Unternehmens- und Marketingkooperation.

### 2.1.2 Unternehmenskooperationen

Unter einem Unternehmenszusammenschluss wird die

> „[...] *freiwillige Vereinigung von Unternehmen zu größeren wirtschaftlichen Gebilden, um in Teilbereichen oder insgesamt gemeinsam zu wirtschaften* [...]“[9]

verstanden.

Möller bezeichnet den Begriff 'Unternehmenszusammenschluss' als einen Oberbegriff, der sämtliche Kooperationsformen wie Konzerne, Fusionen, aber auch Kooperationen bzw. strategische Partnerschaften umfasst.[10]
Kooperationen unterscheiden sich jedoch von Unternehmenszusammenschlüssen, oder -vereinigungen durch die Beibehaltung der rechtlichen und der wirtschaftlichen

[7] Reinhart (1997), S. 4.

[8] Vgl. Friese (1998), S. 62.

[9] Möller (1983), S. 13.

[10] Vgl. Möller (1983), S. 13.

Selbständigkeit der beteiligten Unternehmen.[11] Deshalb soll eine weitere, enger gefasste Definition des Begriffs der zwischenbetrieblichen Kooperation, die Rupprecht-Däullary liefert, Betrachtung finden:

> *„Zwischenbetriebliche Kooperation ist die freiwillige Zusammenarbeit von rechtlich selbständigen Unternehmen mit der Absicht, einen gegenüber dem jeweils individuellen Vorgehen höheren Grad der Zielerfüllung zu erreichen."*[12]

Die Zusammenarbeit zielt in erster Linie auf eine Risikominderung, einen geringeren Einsatz an Ressourcen, wie Personal, Zeit und Kapital, und einen vereinfachten Markteintritt unter Beibehaltung der wirtschaftlichen Unabhängigkeit ab.[13] Das Spektrum an Kooperationen zweier oder mehrerer Unternehmen reicht von einer anteiligen Integration (Joint Venture) bis hin zu losen Formen der Zusammenarbeit.[14]

Kartelle sind i.e.S. eine weitere Form von Unternehmenskooperationen, die jedoch wegen ihrer Wettbewerbsbeschränkung gesetzlich verboten sind.[15]

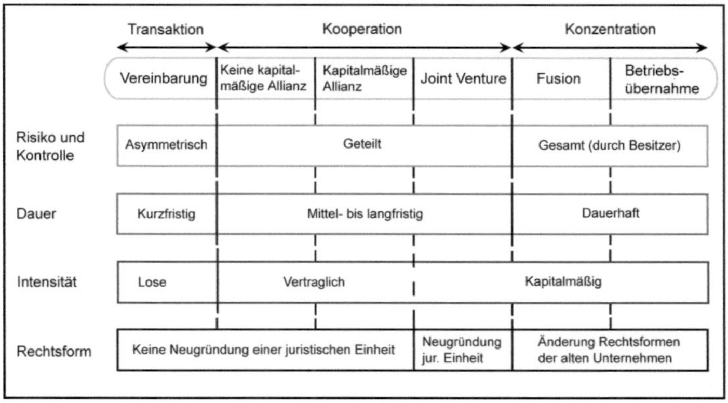


**Abbildung 3:** Übersicht Unternehmenskooperationen
Quelle: Eigene Darstellung in Anlehnung an Cools/Roos (2005), S.8 und Hirschmann (1998), S. 27.

---

11 Vgl. Friese (1998), S. 65.

12 Rupprecht-Däullary (1994), S. 14.

13 Vgl. Cools/Roos (2005), S. 8.

14 Vgl. ebd., S. 8.

15 Vgl. Friese (1998), S. 66.

Eine Unternehmenskooperation kann zwischen Unternehmen der gleichen Wirtschaftsstufe (horizontale Kooperation, z.B. mit einem Konkurrenten[16]) oder aus unterschiedlichen Wirtschaftsstufen (vertikale Kooperation)[17] vereinbart werden. Diese beiden Formen der Zusammenarbeit schließen sich nicht gegenseitig aus, sodass auch eine parallele Nutzung möglich ist.[18] Es kann auch eine diagonale Partnerschaft geschlossen werden, in der Unternehmen aus unterschiedlichen Branchen und Wirtschaftsstufen ihre Aktivitäten entlang der Wertschöpfungskette verbinden.[19]

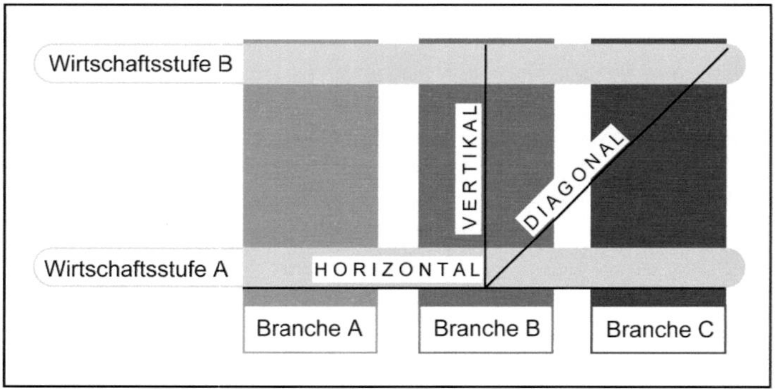


**Abbildung 4:** Übersicht möglicher Kooperationsformen
Quelle: Eigene Darstellung.

Der wichtigste Beweggrund für die Etablierung von Unternehmenskooperationen ist die Verbesserung der Effizienz. Dies kann zum Einen durch die gemeinsame Wahrnehmung von Aktivitäten (Erzielung einer Kostendegression - 'economies of scale') in allen Bereichen (Absatz, Produktion, F&E) und zum Anderen im Kompetenztransfer (Nutzung einer Größendegression - 'economies of scope') realisiert werden.[20]

Gerade in Branchen, die durch schnelles Wachstum und Weiterentwicklung gekennzeichnet sind, wie bspw. die Telekommunikationsbranche, konnte ein Anstieg an Unternehmenskooperationen festgestellt werden. Die Boston Consulting Group konstatiert, dass auch im Bereich der traditionellen Industriesektoren, wie Industrie- und Konsumgüter, die Anzahl an Partnerschaften innerhalb der letzten Jahre zugenommen hat.[21]

16 Vgl. Theurl (2001), S. 74.

17 Vgl. Schnoedt (1994), S. 35.

18 Vgl. Reinhart/Schnauber (1997), S. 321.

19 Vgl. Bronder (1993), S. 69.

20 Vgl. Mengele (1994), S. 12 f.

21 Vgl. Cools/Roos (2005), S. 14 f.

Für die Zunahme von Kooperationen sind für Kang und Sakai drei treibende Kräfte - ökonomische, technische und staatliche Faktoren – verantwortlich.
Der steigende globale Wettbewerb[22] um materielle Vermögenswerte, wie Produktionsstätten und Absatzkanäle, sowie immaterielle Vermögenswerte, wie Technologien, Managementfähigkeiten und Marken, sind aus ihrer Sicht die wichtigsten ökonomischen Triebkräfte für die Etablierung von Unternehmenskooperationen. Als technologische Faktoren werden neue Informations- und Kommunikations-Technologien, steigende Forschungskosten und die Einführung internationaler Standards genannt, die für einige Unternehmen schwer kalkulierbare Risiken bedeuten.[23] Als dritter Faktor werden die staatlichen Kräfte, wie zunehmende Marktliberalisierung und Deregulierung (z.B. im Telekommunikationsbereich) angegeben.[24]

### 2.1.3 Marketingkooperationen

Ein besonders wichtiger Unternehmensbereich für Kooperationen stellt das Marketing dar, weil sich hier besonders vielfältige Möglichkeiten der Zusammenarbeit bieten und Synergien intensiv genutzt werden können.[25] Marketingkooperationen zählen zu konstruktiven Lösungen im Marketing, da sich einige Aktivitäten, wie die Einführung neuer Leistungsbündel und Partnerschaftsnetzwerke, einfacher gemeinsam mit anderen Unternehmen (derselben oder anderer Branchen) realisieren lassen.[26]

> *„Marketing-Koalitionen entstehen dadurch, dass zwei oder mehrere unabhängige Organisationen ihre Ressourcen des Marketing gemeinsam nutzen und entwickeln und Marketing-Programme zusammenlegen und absprechen."*[27]

Dabei ist es wichtig festzuhalten, dass diese Form der zwischenbetrieblichen Zusammenarbeit unmittelbare Auswirkungen auf den Kundennutzen hat, da sich die Marketingkooperation immer auf die Schnittstelle zwischen Kunde und Unternehmen bezieht.[28]

Wird die Kooperation als Wertverbund betrachtet, sollte das Ziel immer die Erzeugung von Mehrwerten für die Kunden und gleichzeitig für die Unternehmen sein.[29]

[22] Siehe hierzu auch: Bleicher (1992), S. 308.

[23] Vgl. ebd., S. 308.

[24] Vgl. Kang/Sakai (2000), S. 31 ff.

[25] Vgl. Kunze (2002), S. 3.

[26] Vgl. Belz (1989), S. 305.

[27] Belz (1989), S.305.

[28] Vgl. Bolten (2000), S. 9.

[29] Vgl. Kotler et al. (2007), S. 77.

Marketingkooperationen unterscheiden sich dadurch von anderen Unternehmenszusammenschlüssen, wie Fusionen und Joint Ventures, dass die beteiligten Unternehmen ihre rechtliche und wirtschaftliche Selbständigkeit behalten. Sie besitzen volle Entscheidungsfreiheit in der Zusammenarbeit und können evtl. bestehende Vertragsverhältnisse kündigen.[30]

Kooperationen im Marketing sind oftmals projektbezogen und zeitlich begrenzt, was dazu führt, dass die Unternehmen flexibel bleiben und mit einer hohen Umsetzungsgeschwindigkeit rechnen können.[31] Die befristete Dauer der Marketingkooperation lässt eine hohe Flexibilität in der Ausgestaltung, jedoch kaum in der Anpassung der Zusammenarbeit zu.[32]

Marketingkooperationen können in horizontaler (gleiche Wirtschaftsstufe und Branche), vertikaler (aufeinander folgende Wirtschaftsstufen) oder diagonaler/heterogener Form (unterschiedliche Wirtschaftsstufen und Branchen) in allen Bereichen des Marketing geschlossen werden.[33] Dies bedeutet, dass sowohl in der Programmpolitik, als auch in der Preis-, Distributions-, und Kommunikationspolitik, Partnerschaften vereinbart werden können.

---

30 Vgl. Kunze (2002), S. 3.

31 Vgl. Gutknecht (2007), S. 185 .

32 Vgl. Theurl (2001), S. 85.

33 Vgl. Zentes et al. (2003), S. 722 f.; Hirschmann (1998), S. 27.

## 2.2 Effizienz und Effektivität

Zur Unterscheidung zwischen dem allgemeinen und dem fachlichen Sprachgebrauch werden zunächst die Charakteristika und das Verständnis der beiden Begriffe 'Effizienz' und 'Effektivität' im täglichen Umgang geklärt. Der Einsatz im Fachjargon der Betriebswirtschaft und im Marketing wird anschließend erläutert.

### 2.2.1 Allgemeine Definition von Effizienz

Im allgemeinen Sprachgebrauch wird 'Effizienz' als Kriterium zur Bewertung von Abläufen/Handlungen herangezogen. Der Duden liefert nachfolgende Definition.

> *„**Effizienz** (aus dem Lateinischen: efficere „zustande bringen"): Wirksamkeit und Wirtschaftlichkeit. Vgl. „efficiency":*
> *1. Wirtschaftlichkeit, bestmöglicher Wirkungsgrad (wirtschaftspolitisches Schlagwort, besonders in den USA und England).*
> *2. Leistungsfähigkeit."*[34]

Der starke Bezug zur Betriebswirtschaft wird aus dieser Definition ersichtlich. Jedoch können auch alle Prozesse oder Tätigkeiten, die nicht im wirtschaftlichen Zusammenhang stehen, effizient sein.

### 2.2.2 Allgemeine Definition von Effektivität

Der Begriff Effektivität drückt generell einen Sachverhalt, unter Betrachtung des Aufwands und der Ergebnisse, aus. Je effektiver ein Prozess oder eine Tätigkeit ist, desto besser ist das Ergebnis im Verhältnis zum Aufwand. Oder umgekehrt: desto geringer ist der Aufwand im Verhältnis zum Ergebnis.

> *„**Effektivität** (aus dem Lateinischen: effectivus – „bewirkend"): Wirksamkeit, Durchschlagskraft, Leistungsfähigkeit"*[35]

### 2.2.3 Effizienz und Effektivität im wirtschaftlichen Zusammenhang

Effizienz und Effektivität stellen in der Betriebswirtschaft zwei elementare Zielinhalte dar. Bei der Effektivität geht es um die Wirksamkeit von Maßnahmen, was sich mit der Aussage 'Die richtigen Dinge tun' erläutern lässt. Effektivität berücksichtigt jedoch nicht

---

[34] Duden Fremdwörterbuch (2001), S. 253.

[35] Duden Fremdwörterbuch (2001), S. 253.

den dazu benötigten Ressourceneinsatz im wirtschaftlichen Sinne.[36] Relevant sind bei der Feststellung der Effektivität die beiden Größen Output und Ziel.

Effizienz zielt darauf ab 'die Dinge richtig zu tun'. Sie drückt die Leistungsfähigkeit (als Input-Output Relation)[37], basierend auf dem ökonomischen Prinzip[38], aus. Effizienz ist also der Nutzen geteilt durch den Aufwand. Effizientes und effektives Verhalten führt zur Erzielung einer Wirkung, jedoch geschieht dies mit dem geringstem Aufwand bzw. den richtigen Mitteln.
Unter 'betriebswirtschaftlicher Effizienz' wird im klassischen Verständnis Produktivität (das Verhältnis von Einsatz und Ertrag) und/oder Rentabilität (das Verhältnis von eingesetztem Kapital und Gewinn) verstanden.[39]

### 2.2.4 Effizienz und Effektivität im Marketing

Um Angaben über die Performance, also den Erfolg von Marketingmaßnahmen machen zu können, muss das Verhältnis vom relevanten Output, in Form der Ergebnisse, zum dafür eingesetzten Input, das bedeutet Investitionen/Aufwand, bestimmt werden.[40] Die Maximierung des Outputs relativ zum Input, oder die Minimierung des Inputs relativ zum Output, bewirken eine Effizienzsteigerung.[41]

Im Marketing kann Effizienz zum Einen aus der Perspektive der Anbieter bzgl. unternehmerischer Prozesse und Funktionen, wie z.B. Vertrieb, Werbung, Markenführung, und zum Anderen aus der Perspektive der Nachfrage, wie Kundenentscheidungen, max. Qualität zu min. Preis usw., untersucht werden.[42]

Bei der Betrachtung des Marketing als zusammengesetzte Prozesse entlang der Wertschöpfungskette (z.B. Leistung entwickeln, kommunizieren, anbieten) kann die Marketingeffizienz laut Diller in unterschiedliche Dimensionen eingeteilt werden.
Er geht davon aus, dass sich die Effizienz der Prozesse im Marketing aus der Qualität, der Schnelligkeit, der Effektivität und den Kosten der Prozesse zusammensetzt.[43]

[36] Vgl. Lasslop (2003), S. 11.
[37] Vgl. Kreutzer (2006), S. 56.
[38] Vgl. Lasslop (2003), S. 11.
[39] Vgl. Benkenstein (1994), S. 86.
[40] Vgl. Bauer/Hammerschmidt (2003), S.486.
[41] Vgl. Staat et al. (2002), S. 205 ff.
[42] Vgl. Bauer/Hammerschmidt (2002), S. 2.
[43] Vgl. Diller (2002), S. 8.

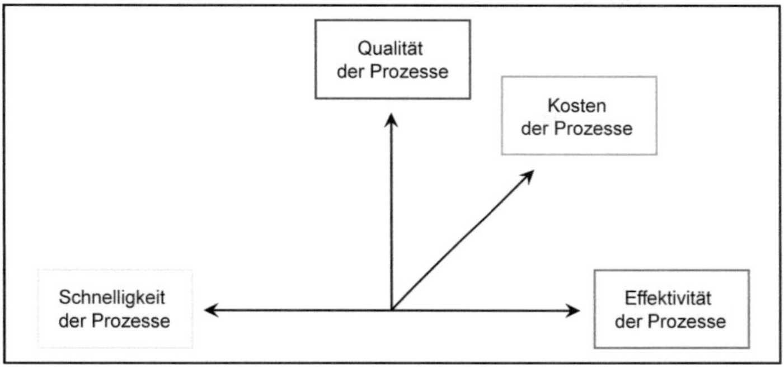


**Abbildung 5:** Dimensionen der Marketingeffizienz
Quelle: Eigene Darstellung in Anlehnung an Diller (2002), S.8.

### 2.2.5 Effizienz und Effektivität von Marketingkooperationen

Bei Marketingkooperationen zeigen sich Effizienz und Effektivität wie bei anderen Marketingmaßnahmen auch. Die prozessorientierte Betrachtung kann auch bei Kooperationen angewendet werden.

Eine erhöhte Komplexität der Untersuchung und Bewertung von Effizienz und Effektivität bei Marketingkooperationen ergibt sich aus dem Zusammenwirken unterschiedlicher Unternehmen und derer Perspektiven. Jedes beteiligte Unternehmen weist i.d.R. ein eigenes Verständnis der Effizienz der Kooperation auf, da sie keine identischen Zielsetzungen aufweisen.

# 3. Grundlagen von Marketingkooperationen

Bei den Grundlagen von Marketingkooperationen wird im ersten Schritt geklärt, weshalb Kooperationen geschlossen werden und welche unterschiedlichen Formen von Marketingkooperationen es gibt. Diese werden anhand von Praxisbeispielen erläutert. Anschließend werden mögliche Zieldimensionen, benötigte Rahmenbedingungen, Vorteile und Risiken von Marketingkooperationen beschrieben. Der Ablauf des Kooperations-Lebenszyklus stellt den Abschluss dieses Kapitels dar.

## 3.1 Motive

Innerhalb der letzten Jahre wurden Unternehmen einem zunehmend stärkeren Wettbewerb ausgesetzt, da viele Güter- und Dienstleistungsmärkte gesättigt sind, eine hohe Anzahl an Produkten und Marken vorherrscht und die Konsumenten einem zunehmenden Werbedruck ausgesetzt werden. Dies hat zur Folge, dass Unternehmen ihre Produkte[44] laut Porter entweder stärker differenzieren[45] oder günstig auf den Markt bringen müssen, um wettbewerbsfähig zu bleiben oder weiter wachsen zu können.

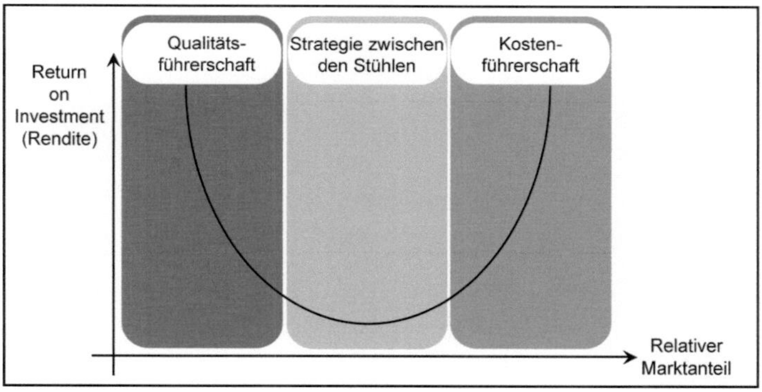


**Abbildung 6:** Generische Marketingstrategie nach Porter
Quelle: Eigene Darstellung in Anlehnung an Porter (1999), S. 31 f.

Marketingkooperationen stellen durch ihre vielfältigen Realisierungsformen und zahlreichen Vorteile eine attraktive Möglichkeit zur Wettbewerbsdifferenzierung für Unternehmen dar.

---

44 Unter einem Produkt werden hier sämtliche Eigenschaften verstanden, die Sachgüter wie auch Dienstleistungen umfassen können. (Vgl. Brockhoff (1999), S. 13.) Daher sollen die beiden Begriffe 'Produkt' und 'Leistung' in der gesamten Arbeit als Synonyme verstanden werden.

45 Vgl. Huber (2005), S. 1.

## 3.2 Typen von Marketingkooperationen

Marketingkooperationen werden in der Literatur häufig nach Zieldimensionen[46], Inhalten oder marketingpolitischen Segmenten[47] kategorisiert. Bolten unterscheidet grundsätzlich zwischen strategischen und operativen Marketingkooperationen. Strategische Marketingkooperationen zielen vor allem auf den Ausbau von Wettbewerbsvorteilen ab. Bei operativen Marketingkooperationen soll dagegen eine Steigerung der Effizienz und Effektivität des Marketing-Mix erreicht werden.[48]

Basierend auf der Typisierung von Markenkooperationen der Mangementberatung htp St. Gallen (Spin-Off der Universität St. Gallen)[49], wurde nachfolgende, beispielhafte Kategorisierung vorgenommen:

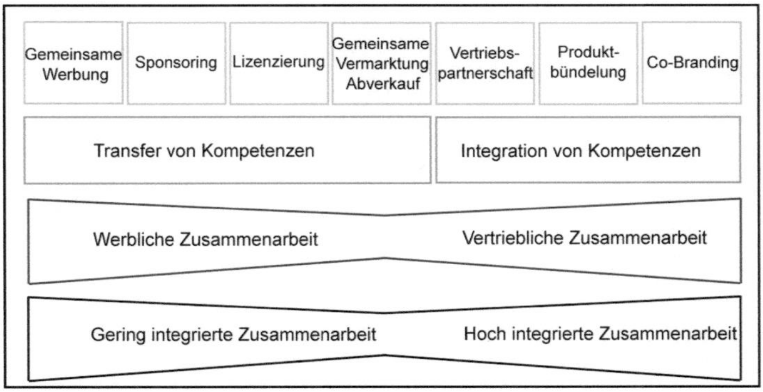


**Abbildung 7:** Typen von Marketingkooperationen
Quelle: Eigene Darstellung in Anlehnung an Willhardt (2007), S. 42.

Diese Übersicht ist nicht vollständig, sondern gibt einen Überblick über mögliche Formen von Marketingkooperationen. Die Auflistung könnte um weitere Typen wie 'Ingredient Branding[50]', 'Testimonials', 'Product Placement' etc. und Synonyme erweitert werden.

46 Vgl. Bolten (2000), S. 199.

47 Vgl. Gutknecht (2007), S. 185 ff.

48 Vgl. Bolten (2000) S. 143.

49 Vgl. Willhardt (2007), S. 42.

50 Vgl. 2hm & Associates GmbH (2008).

Grundsätzlich lassen sich die Typen von Marketingkooperationen in zwei Cluster unterteilen. Das erste ist gekennzeichnet durch einen Transfer von Kompetenzen der beteiligten Unternehmen wodurch Synergien erzeugt werden. Im zweiten Cluster befinden sich Marketingkooperationen, die den Schwerpunkt auf die Integration von Kompetenzen legen. Dies wird oftmals zum Ausgleich von fehlendem Fachwissen genutzt.[51]

Innerhalb der Übersicht werden die unterschiedlichen Typen nach zwei Perspektiven sortiert: Von größtenteils werblicher zur vertrieblichen und von einer gering bis zu einer hoch integrierten Zusammenarbeit.

Nachfolgend werden die unterschiedlichen Formen von Marketingkooperationen einzeln erläutert und jeweils anhand eines Beispiels veranschaulicht.

### 3.2.1 Gemeinsame Werbung/Kommunikation

Auch als kooperative Werbung oder Co-Advertising bezeichnet, umfasst dieser Begriff sämtliche gemeinsamen Kommunikationsmaßnahmen, bei denen alle beteiligten Unternehmen/Marken, aber auch Persönlichkeiten, individuell erkennbar sind.[52] Eine Zusammenarbeit kann bspw. aus einer gemeinsamen Präsentation der Produkte/ Leistungen und Nennung der Kooperationspartner, in einer Reihe von Werbeträgern, bestehen.[53] Die Kooperation zwischen Unternehmen und Persönlichkeiten, z.B. aus Politik oder Film/Fernsehen, ist eine Form der Testimonial-Werbung und wird auch als Leitbildwerbung bezeichnet.[54]

Als Werbeträger können u.a. TV, Hörfunk, Zeitschriften, Plakate und Internet genutzt werden.
Eine Kooperation kann hier auch zwischen einem Hersteller- oder Handelsunternehmen und einem Medienproduzenten vereinbart werden. Diese Form der gemeinsamen Werbung wird auch als Medien-Kooperation bezeichnet und gilt als besonders effektiv und effizient, da die benötigten Ressourcen vorhanden und die Kosten gut kalkulierbar sind.[55]
Ziel gemeinsamer Kommunikationsmaßnahmen ist die Erreichung einer Unique Advertising Proposition (UAP), da gemeinsame Werbung bisher noch kein Standard ist und durch eine kreative Gestaltung das Interesse der Konsumenten geweckt werden kann.[56]

---

51 Vgl. Willhardt (2007), S. 42.

52 Vgl. Willhardt (2007), S. 40 f.; Meyer/Schade (2007), S. 47.

53 Vgl. Huber (2005), S. 28.

54 Vgl. Bibliographisches Institut & F. A. Brockhaus AG (2008).

55 Vgl. Himmel (2002), S. 25.

56 Vgl. Meyer/Schade (2007), S. 48.

#### 3.2.1.1 Beispiel: Bacardi und Michael Schumacher

Bacardi konnte für die weltweite Kampagne unter dem Slogan 'Champions Drink Responsibly' Michael Schumacher als Testimonial gewinnen. Dabei wirbt der ehemalige Formel 1-Weltmeister für einen verantwortungsvollen Umgang mit Alkohol. Seine Botschaft: „Wenn ich etwas trinke, lasse ich das Auto stehen".Die Kooperation umfasst die Webseite „Drivers Corner", die in 40 Ländern verfügbar ist, einen Werbespot für Kino, Fernsehen und Internet und Print-Anzeigen.[57]
Alle Bestandteile der Kampagne und ein Making-of findet man auf der Webseite 'www.championsdrinkresponsibly.com'. Hier wird die Aufmerksamkeit der Nutzer auf die Kampagne und das Engagement von Bacardi gelenkt.

**Abbildung 8:** Gemeinsame Werbung von Bacardi und Michael Schumacher
Quelle: http://www.champions drinkresponsibly.com/, Stand: 11.09.08.

### 3.2.2 Sponsoring

Im Sponsoring gibt es eine Vielzahl an Definitionen, die sich vor allem in den beiden Bereichen hinsichtlich des Leistungsumfangs und der zu erreichenden Ziele des Sponsors unterscheiden.[58] Exemplarisch wird hier die Definition von Manfred Bruhn genannt:

> *„Sponsoring umfasst die Planung, Durchführung und Kontrolle sämtlicher Aktivitäten, die mit der Bereitstellung von Geld, Sachmitteln, Dienstleistungen oder Know-How durch Unternehmen und Institutionen zur Förderung von Personen und/oder Organisationen verbunden sind, um damit gleichzeitig die Ziele der Kommunikationspolitik zu erreichen."*[59]

[57] Vgl. Vossen (2008), S.14.

[58] Vgl. Woisetschläger (2006), S. 21 ff.

[59] Bruhn (2003), S. 5.

Neben ökonomischen Zielen, wie bspw. der Steigerung von Umsatz, Gewinn und Marktanteil soll durch Sponsoring eine Reihe psychologischer Ziele erreicht werden.[60] Diese können in vier Kategorien eingeteilt werden:[61]

**Interne (mitarbeiterbezogene) Ziele**
z.B. Verbesserung der Beziehung zwischen den Mitarbeitern[62], Motivation[63]
**Geschäftsbeziehungsgerichtete Ziele**
z.B. Kontaktpflege[64]
**Gesellschaftspolitische Ziele**
z.B. Beweis des gesellschaftlichen Engagements und der Verantwortung[65]
**Konsumentengerichtete Ziele**
z.B. Steigerung des Bekanntheitsgrades, Verbesserung des Images[66]

In der Literatur gibt es unterschiedliche Arten der Klassifizierung von Sponsoringformen.[67]

Woisetschläger unterscheidet sechs eigenständige Formen des Sponsorings:

- **Sportsponsoring**
  Dies ist die älteste Sponsoringform mit der höchsten Bekanntheit, bei der Sportler oder sportliche Einrichtungen gefördert werden.
- **Kultur- oder Kunstsponsoring**
  Diese Sponsoringform bewegt sich im Bereich der Kunst, Musik, Literatur, Medien, Kulturpflege und Architektur.
- **Soziosponsoring**
  Zum Beweis der gesellschaftlichen Verantwortung werden nichtkommerzielle Gruppen oder Organisationen gefördert.
- **Umweltsponsoring**
  Auch hier werden nichtkommerzielle Einrichtungen/Organisationen mit ökologischen Interessen gesponsert.
- **Wissenschaftssponsoring**
  In der Wissenschaft können sowohl juristische als auch natürliche Personen unterstützt werden.

60 Vgl. Meffert et al. (2008), S. 683.

61 Vgl. Woisetschläger (2006), S. 26.

62 Vgl. Apostolopoulou/Papadimitriou (2004), S. 189.

63 Vgl. Meffert et al. (2008), S. 683; Gardner/Shuman (1988), S. 46.

64 Vgl. Meffert et al. (2008), S. 683.

65 Vgl. ebd., S. 683.

66 Vgl. ebd., S. 683.

67 Vgl. Woisetschläger (2006), S. 30 ff.

- **Programmsponsoring**
  Unternehmen können seit 1992 als Sponsoren von Hörfunk, sowie privaten und öffentlich-rechtlichen Fernsehsendern auftreten. Internetsponsoring kann auch als Programmsponsoring betrachtet werden.[68]

#### 3.2.2.1 Beispiel: Beck's Musiksponsoring

Schon seit Jahren engagiert sich Beck's im Musiksponsoring. Im Sommer 2007 verstärkte die Brauerei ihr Musik-Engagement durch die Unterstützung zahlreicher Musik-Festivals. Dadurch ist Beck's Sponsor von insgesamt 18 Musik-Festivals in Deutschland. Die „Beck's on Stage Experience" ist ein Bandwettbewerb für Nachwuchstalente, die so die Chance erhalten, sich Profis und einer breiten Öffentlichkeit zu präsentieren.[69] Beck's versucht durch die Maßnahmen im Musiksponsoring eine große und in erster Linie junge Öffentlichkeit zu erreichen und das Markenimage zu verbessern.

**Abbildung 9:** Beck's Musiksponsoring
Quelle: http://www.becks-on-stage.de/festival-challenge.html, http://www.beckundco.de/unternehmen/presse/fotogalerie/p_image_download.asp?id=413, Stand: 22.08.2008.

### 3.2.3 Lizenzierung

Bei Lizenzierungen werden anderen Unternehmen/Organisationen Nutzungsrechte von rechtlich geschütztem Eigentum, wie Name, Gestaltung, Patente usw., gestattet.[70] Im Lizenzgeschäft steht in den meisten Fällen der Markentransfer im Vordergrund.[71]

68 Vgl. ebd., S. 30-33.

69 Vgl. Hoffmann (2007).

70 Vgl. Ewenstein (2007).

71 Vgl. Willhardt (2007), S. 40 f.

Lizenzen können aber auch genutzt werden, um auf günstige Art neue Produkte einzuführen und so Entwicklungskosten einzusparen. Klassisch werden Lizenzen in der Automobilbranche vergeben (z.B. westeuropäische Automobile, die durch Lizenzerwerb unter anderem Namen in osteuropäischen Ländern gebaut werden – Beispiel: Daewoo besitzt GM-Lizenzen)

Auch die Nutzung von Rechten kann über Lizenzen geregelt werden. Verlage können bspw. Lizenzen an Büchern für die Publizierung in anderen Sprachen erwerben. Somit können auch kleinere Unternehmen Lizenzen an ihren selbst entwickelten Produkten an größere vergeben, falls eigene Kapazitäten fehlen.[72]

#### 3.2.3.1 Beispiel: Schöller und Mövenpick

Das Unternehmen Schöller erwarb Lizenzen für den Markennamen Mövenpick, um hochwertige Eiscreme-Produkte zu vermarkten. Durch das bestehende Premium-Image von Mövenpick konnten sich Kunden eine Vorstellung von den spezifischen Produkteigenschaften der neuen Schöller Eiscreme machen.

**Abbildung 10:** Kooperation Schöller und Mövenpick
Quelle: http://www.schoeller.de/Specials/Teaserpages/Moevenpick.htm, Stand: 12.08.2008.

Dadurch konnte für Schöller das Einführungsrisiko eines Neuproduktes gesenkt werden und die Etablierung in einem neuen Produktsegment (Premium-Eiscreme) erleichtert werden.[73]

---

72 Vgl. Preißner (1999), S. 148 f.

73 Vgl. Preißner (1999), S. 149.

### 3.2.4 Gemeinsame Vermarktungs-/Abverkaufsmaßnahmen

Gemeinsame Vermarktungs- und Abverkaufsmaßnahmen werden in der Literatur auch als Co-Promotions[74] oder Joint Promotions[75] bezeichnet. Ihre Hauptcharakteristika sind die zeitliche Begrenzung, die Beibehaltung des eigenständigen Profils der beteiligten Unternehmen[76] und die Nutzung erweiterter Vertriebsmöglichkeiten. Das bedeutet, dass für die Kunden die individuellen Unternehmen/Marken eindeutig erkennbar sein sollten.[77]

Der Einsatz der Promotions kann beispielsweise am POS[78] als gemeinsam durchgeführte Aktion zur direkten Kundenansprache stattfinden. Weitere Formen der gemeinsamen Vermarktungs- und Abverkaufsmaßnahmen können u.a. Gewinnspiele oder Cross-Reference-Aktivitäten[79], wie Package Inserts oder On-Pack Promotions, sein.[80] Im Unterschied zu anderen gemeinsamen Kommunikationsmaßnahmen sind Co-Promotions häufig einmalige Aktionen.[81]

#### 3.2.4.1 Beispiel: TUI und NIVEA

Im Herbst 2008 können Gäste des ROBINSON Clubs in Fuerteventura an der ersten NIVEA BEAUTY WEEK teilnehmen. Experten von ROBINSON und NIVEA beraten die Gäste zum Thema Schönheit. Dazu zählen z.B. Styling-, Kosmetik- und Ernährungstipps. Die Gäste können wählen, an welchen Programmpunkten sie teilnehmen möchten.

Die Events der NIVEA BEAUTY WEEK sind im Standard-Reisepreis inbegriffen.[82] Durch die Kooperation können beide Unternehmen neue Zielgruppen ansprechen und Aufmerksamkeit erzeugen. Als Ziel kann eine Absatzsteigerung angenommen werden.

---

74 Vgl. Huber (2005), S. 28.

75 Vgl. Blackett/Russell (1999), S. 7.

76 Vgl. Huber (2005), S. 28; Himmel (2002) S. 29.

77 Vgl. Himmel (2002), S. 29.

78 POS = Point of Sale.

79 Cross-Reference Aktivitäten beinhalten Querverweise auf eine andere Marke.

80 Vgl. Himmel (2002), S. 29.

81 Vgl. Willhardt (2007), S. 40 f.

82 Vgl. TUI (2008).

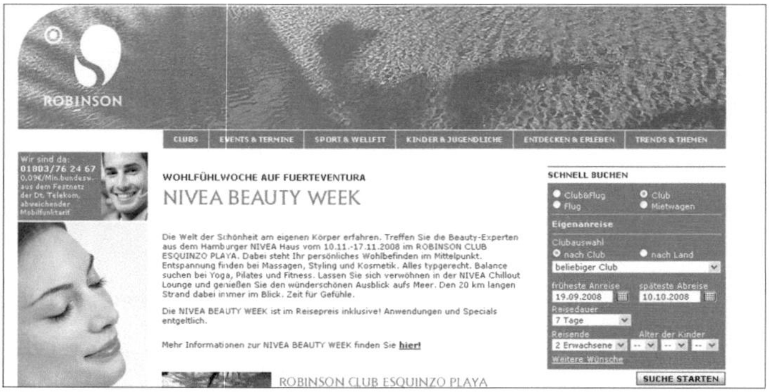


**Abbildung 11:** Kooperation von TUI und NIVEA
Quelle: http://www.robinson.de/clubs/winter/club-esquinzo-playa/events-termine/nivea-beauty-week/, Stand: 22.08.2008.

### 3.2.5 Vertriebspartnerschaft

Die wechselseitige Nutzung von Distributionskanälen wird als Vertriebspartnerschaft bezeichnet.[83]
Bei dieser Zusammenarbeit können die Kooperationspartner einerseits neue Vertriebskanäle nutzen, um ihren Zielmarkt durch die Integration der Kanäle des Partners zu vergrößern[84], andererseits können sie durch die Aufnahme der Leistung des Partners ihren Kunden ein vergrößertes Produktangebot und somit Mehrwerte[85] und Nutzen[86] bieten. Außerdem wird die Adressierung neuer Zielgruppen durch eine Zusammenarbeit im Vertrieb vereinfacht, da alle bereits vorhandenen Kunden des Partners angesprochen werden.[87]

Eine Vertriebspartnerschaft gelingt nur, wenn die angebotenen Leistungen kompatibel[88] sind und sie von den Kunden akzeptiert werden. Dies setzt voraus, dass die wechselseitig angebotenen Leistungen zur Befriedigung der Kundenbedürfnisse beitragen.[89]
In der Literatur werden für Vertriebspartnerschaften auch die Synonyme 'Cross-Promotion/-Selling' verwendet.[90]

[83] Vgl. Willhardt (2007), S. 40 f.

[84] Vgl. Bolten (2000), S. 157 f.

[85] Vgl. Himmel (2002), S. 25.

[86] Vgl. Bolten (2000), S. 157.

[87] Vgl. Willhardt (2007), S. 40 f.

[88] Vgl. Bolten (2000) S. 157.

[89] Vgl. ebd., S. 157.

[90] Vgl. Willhardt (2007), S. 40 f.; Vgl. Bolten (2000), S. 157 f.

#### 3.2.5.1 Beispiel: Tchibo und comdirect

In Kooperation mit der Direktbank comdirect bietet Tchibo seinen Kunden im Web-Shop eine Reihe von Finanzanlageprodukten (z.B. Festgeld, Tagesgeld, Fondssparen) an. Tchibo-Kunden können die Verträge online oder per Telefon abschließen und erhalten 'günstige Konditionen zum Tchibo Tarif'. Eine Beratung kann bei Bedarf telefonisch oder per Mail erfolgen. Wenn der Kunde auf der Tchibo Webseite einen Vertragsabschluss initiiert, wird er automatisch zur comdirect Webseite weitergeleitet.[91]

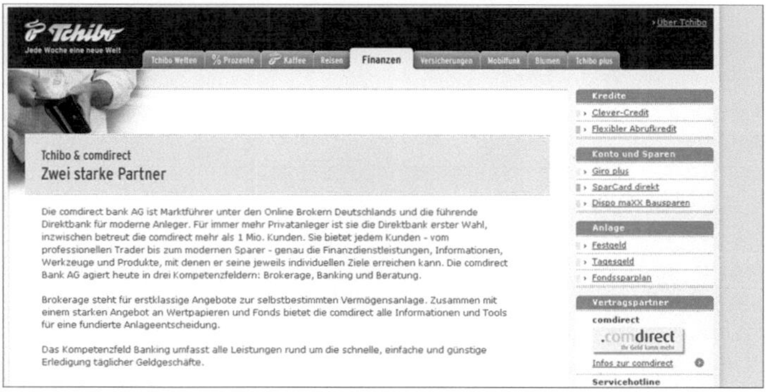


**Abbildung 12:** Vertriebspartnerschaft Tchibo und comdirect
Quelle: http://www.tchibo.de/is-bin/INTERSHOP.enfinity/eCS/Store/de/-/EUR/Td TchShow Template-Show It?TemplateId =%2F finance%2Ftch_de_static_finance_comdirect, Stand: 22.08.2008.

### 3.2.6 Produktbündelung

Im angelsächsischen 'Product-Bundle' genannt, beschreibt es das kombinierte und zeitlich begrenzte[92] Angebot von zwei oder mehr Produkten als ein Paket zu einem Gesamtpreis.[93]

Die Zusammenarbeit in Form einer Produktbündelung zielt vor allem auf eine schnellere Kundenansprache bei Produkteinführungen, eine stärkere Wettbewerbsdifferenzierung, die Nutzung von Synergieeffekten durch positiven Imagetransfer, den Aufbau von Preisintransparenz sowie die Steigerung von Verkaufszahlen durch die temporäre Beschränkung ab.[94]

---

[91] Vgl. Tchibo (2008).

[92] Vgl. Meyer/Schade (2007), S. 39.

[93] Vgl. Huber (2005), S. 28.

[94] Vgl. Meyer/Schade (2007), S. 39.

Außerdem kann durch eine Produktbündelung auch eine Steigerung im Absatz von Produkten mit geringer Nachfrage erreicht werden. Dies spielt vor allem im Finanzbereich eine große Rolle, da sich der Preisdruck erhöht hat und einige Kunden dazu neigen, die günstigsten Finanzprodukte unterschiedlicher Anbieter zu nutzen. Daher kann durch eine Bündelung leistungsschwacher mit -starken Produkten das Interesse von Kunden geweckt werden und einen direkten Preisvergleich erschweren.[95]

In der Computerbranche werden Produkte häufig als Produktbündel angeboten, da Kunden i.d.R. das Fachwissen fehlt und eine selbständige Zusammenstellung aller PC-Bestandteile mit einem hohen Aufwand verbunden wäre.

Durch ein Produktbündel können auch spezielle Bedürfnisse bestimmter Zielgruppen befriedigt werden, wie z.B. Pauschalurlaub für Personen, die Wert auf Komfort, Unterhaltung, Service etc. legen.[96]

#### 3.2.6.1 Beispiel: SAP und IBM und HP

Durch die Vertriebspartnerschaft mit Maxdata kann der Softwarehersteller SAP ein bestehendes Händlernetz nutzen, um Kunden seine vorkonfigurierten Produktbündel aus dem Fast Start-Programm anzubieten.
Die Produktbündel, bestehend aus Komponenten von SAP und Servern von IBM und HP, können von den Kunden, je nach Systemwünschen, angepasst werden. Die Kosten sind dabei transparent, da der Kunde die Preise für alle Komponenten angezeigt bekommt und selbst über die Integration entscheidet. Durch die Vorkonfiguration profitieren Kunde und Hersteller von reduzierten Lieferzeiten und Kosten.[97]

### 3.2.7 Co-Branding

Sowohl in der deutschen, als auch in der angelsächsischen Literatur wird der Begriff 'Co-Branding', oder auch Markenallianz, unterschiedlich definiert.[98] Die Ansätze reichen von der weit gefassten Bezeichnung jeder gemeinsamen Aktivität in der Markenpolitik[99] bis hin zu detaillierten Angaben über die Charakteristika von Co-Branding. Huber entwickelt daher eine eigene, eng gefasste Definition von Co-Branding:

> *„Co-Branding ist eine langfristige Markenkombinationsstrategie zur Realisierung markenpolitischer Ziele, bei der mindestens zwei eigenständige Marken*

[95] Vgl. Wübker et al. (2007), S. 426 ff.; Priemer (1999), S. 62 ff.

[96] Vgl. Priemer (1999), S. 62 ff.

[97] Vgl. Reppner (2008), S. 13.

[98] Vgl. Huber (2005), S.21.

[99] Diese Definitionen umfassen auch Markenkooperationen wie Abverkaufs- und Werbemaßnahmen.

*ein Produkt oder eine Dienstleistung gemeinsam markieren, wobei die Kooperation sowohl zwischen horizontal als auch vertikal gelagerten Wirtschaftsstufen erfolgen kann.*“[100]

Unter horizontalem Co-Branding wird die gemeinsame Produktion und Kennzeichnung einer Leistung in einer a) für beide Partner und b) für einen der beiden Partner bereits vorhandenen Produktkategorie verstanden. Bei vertikalem Co-Branding handelt es sich um die gemeinsame Markierung einer Leistung und die vertikale Einbindung bestehender Leistungen.[101]

Co-Branding wurde zum größten Teil durch seinen Einsatz im Kreditkartenbereich bekannt.[102] (Beispiele: FC Bayern MasterCard[103], Lufthansa Miles & More Credit Card[104]). Die Vorteile von Co-Branding bestehen in der Kombination mehrerer Marken, vor allem in der Übertragung von Kompetenzen und Image auf das markierte Produkt. Da oftmals zumindest eine der beteiligten Marken bei den Käufern bereits bekannt ist, wird eine geringe Kauf-Hemmschwelle angenommen.[105] Außerdem besteht die Möglichkeit, durch die gemeinsame Markierung von Produkten eine größere Zielgruppe zu adressieren. Die Konkurrenz kann ein Co-Brand-Produkt nur schwer kopieren. Aber nur außergewöhnliche und einmalige Produkte, die den Kunden einen zusätzlichen Nutzen bringen, können einen Erfolg erzielen.[106]

Die Umsetzung von Co-Branding-Maßnahmen erfolgt über den gesamten Marketing-Mix, d.h. dass die Partnerunternehmen nicht nur gemeinsame Aktivitäten in der Produkt-, sondern auch in der Distributions-, Preis- und Kommunikationspolitik planen und durchführen müssen.[107] Co-Branding ist vor allem in der Nahrungsmittelbranche verbreitet. (Beispiele: Langnese und Milka[108], Ritter Sport & Ramazotti[109]).

#### 3.2.7.1 Beispiel: adidas und Good Year

Adidas entwickelte und vermarktete gemeinsam mit dem Reifenhersteller Good Year den 'Adi Racer Low', einen Sportschuh mit spezieller Gummisohle.

[100] Vgl. Huber (2005), S.20 ff.

[101] Vgl. ebd., S. 23.

[102] Vgl. Ohlwein/Schiele (1994), S. 577.

[103] Vgl. FC Bayern (2008).

[104] Vgl. Lufthansa Miles & More (2008).

[105] Vgl. Meyer/Schade (2007), S. 23.

[106] Vgl. Meyer/Schade (2007), S. 23.

[107] Vgl. ebd., S. 24.

[108] Vgl. Kiesow (2006), S. 69.

[109] Vgl. Horizont (2008).

Den Kunden sollte damit vermittelt werden, dass durch die Integration der Produktkompetenzen von Good Year und adidas ein außergewöhnlicher Schuh geschaffen wurde, der sich klar von Produkten der Konkurrenz abhebt.[110]

Durch die Kombination der Assoziationen mit adidas' Sportkompetenz und Good Years hochwertigen Reifen, wird dem Kunden suggeriert er könne mit diesem Schuh besonders schnell laufen.

**Abbildung 13:** Co-Branding adidas und Good Year
Quelle: http://www.cdiscount.com/pret-a-porter/ chaussures /v-11316-2.html, Stand: 22.08.2008.

[110] Vgl. Brechelt (2006), S. 30.

## 3.3 Typische Zielsetzungen bei Marketingkooperationen

Bei einer gemeinsamen Marketingkommunikation ist das grundlegende Ziel eine effektivere und effizientere Leistungserstellung im Vergleich zum individuellen Vorgehen. Dabei sollte jeder Kooperationspartner denselben Nettonutzen, der sich aus der Differenz seiner Beiträge zum erzielten Profit ergibt, erhalten.[111] Ein Ausgleich kann auch in Form einer direkten Transferzahlung erfolgen, falls einer der beiden Partner einen höheren Gewinn erwirtschaften würde.

Bei den Zielsetzungen sind die beiden Kategorien, Formal- und Sachziele, zu unterscheiden. Formalziele können z.B. Produktivität, Stabilität und Flexibilität sein und geben den Grund der Zusammenarbeit an. Sie stimmen mit den Unternehmenszielen überein. Sachziele hingegen beinhalten die konkreten Ziele der Kooperation.[112]

### 3.3.1 Formalziele

Wirtschaftlichkeits- und Rentabilitätserhöhungen sowie Ertragssteigerungen sind die wichtigsten Formalziele.[113] Weitere häufig formulierte Formalziele sind bspw. Kreation von Erfolgspotentialen, Schaffung eines Wettbewerbsvorteils durch Kosten- und Risikoteilung, Verkürzung der Reaktionszeit, Erhöhung der Durchlaufgeschwindigkeit und dadurch entstehende Differenzierungsvorteile.[114] Viele Unternehmen verfolgen den Zugang zu neuen Kompetenzen[115] und damit einen Ausbau der Wettbewerbsfähigkeit. Tröndle fasst die Formalziele in drei Punkten zusammen:

- Produktivität
- Flexibilität
- Stabilität

Aus seiner Sicht müssen diese Zieldimensionen durch ihre Interdependenz simultan verfolgt werden, um tatsächlich erreichbar zu sein.[116]

---

111 Vgl. Kunze (2002), S. 3.

112 Vgl. Deike (2006), S. 26 f.

113 Vgl. Hirschmann (1998), S. 24.

114 Vgl. Deike (2006), S. 26.

115 Vgl. Neises (2007), S. 11.

116 Vgl. Tröndle (1987), S. 61.

### 3.3.2 Sachziele

In den Sachzielen werden die Formalziele konkretisiert.[117] Es kann also davon ausgegangen werden, dass die Sachziele, wenn auch nur indirekt, den übergeordneten finanziellen Zielsetzungen dienen. Man nimmt immer an, dass die Erreichung der Sachziele mittel- oder langfristig einen positiven Effekt auf die Erreichung der Formalziele hat.

In einer Umfrage konnte Noshokaty, Döring & Thun ermitteln, dass über 90% aller befragten Manager die Sachziele 'Zugang zu neuen (Absatz-)Märkten und Neukunden' verfolgt.[118] An zweiter Stelle steht der Mehrwert für den eigenen Kunden, der durch die Kooperation geschaffen werden kann und z.B. durch einen Zusatznutzen erzeugt wird.[119] Weitere Ziele sind 'Zugang zu neuen Ressourcen (Marketingmittel)' und 'Zugang zu neuen Zielgruppen[120] und Distributionskanälen'[121].

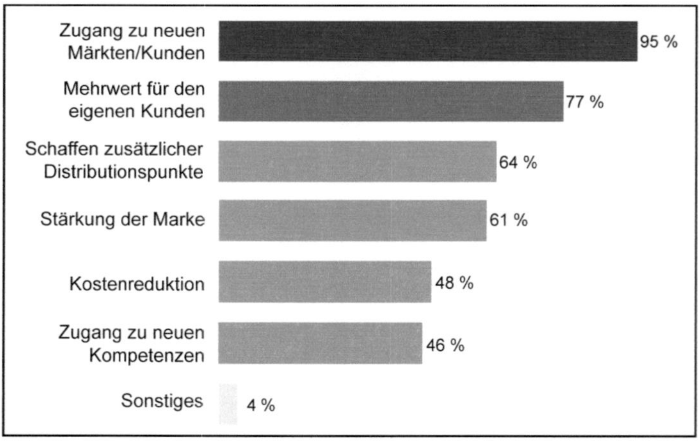


**Abbildung 14:** Zielsetzungen von Marketingkooperationen
Quelle: Eigene Darstellung in Anlehnung an Noshokaty, Döring & Thun (2007).

117 Vgl. Hirschmann (1998), S. 24.

118 Vgl. Neises (2007), S. 11.

119 Vgl. Meyer/Schade (2007), S. 17 ff.

120 Vgl. Deike (2006), S. 29.

121 Vgl. Neises (2007), S. 11.

### 3.3.3 Weitere Ziele

Neben den Formal- und Sachzielen, die auf ökonomischen und quantifizierbaren Größen basieren, gibt es weitere 'emotionale' Zieldimensionen, die nicht eindeutig darstell- und messbar sind. Beispiele hierfür sind u.a. Stärkung der wirtschaftlichen Machtposition durch Wettbewerbsbeschränkung oder -beseitigung, Imagesteigerungen,[122] sowie 'Erhöhung der Bekanntheit' und 'Erzeugung von Synergieeffekten durch Imagetransfers', die u.a. zu einer verbesserten Glaubwürdigkeit führen können.

[122] Vgl. Hirschmann (1998), S. 24.

## 3.4 Erfolgsrelevante Rahmenbedingungen

Um möglichen Risiken bei Marketingkooperationen vorzubeugen, sollten die Motive der beteiligten Parteien im Voraus deutlich gemacht werden. Vertrauen spielt eine wichtige Rolle bei der Zusammenarbeit, jedoch sind Kontrollen ein elementares Instrument, um erfolgreiche Kooperationen zu ermöglichen.[123]

> *„Kooperation erfordert die Einsicht, dass nur die Erreichung des gemeinsamen Ziels die optimale Erfüllung der eigenen Interessen ermöglicht."*[124]

Da jede Unternehmenskooperation immer die Ambivalenz zwischen Autonomie und Interdependenz beinhaltet und die Partnerunternehmen bei der eigenen Zielerreichung von den Maßnahmen des jeweils anderen abhängig sind[125], ist die Einhaltung grundlegender Rahmenbedingungen nötig. Dazu gehört laut Unternehmensberater Cyriax bspw. eine starke Führung, Management und Steuerung der Kooperation.[126]

Noshokaty, Döring & Thun konnte durch Befragung nach den wichtigsten Erfolgsfaktoren bei Marketingkooperationen insgesamt sieben wesentliche Einflussgrößen bestimmen. Diese wurden den drei Phasen Konzeption, Etablierung und Management zugeteilt.

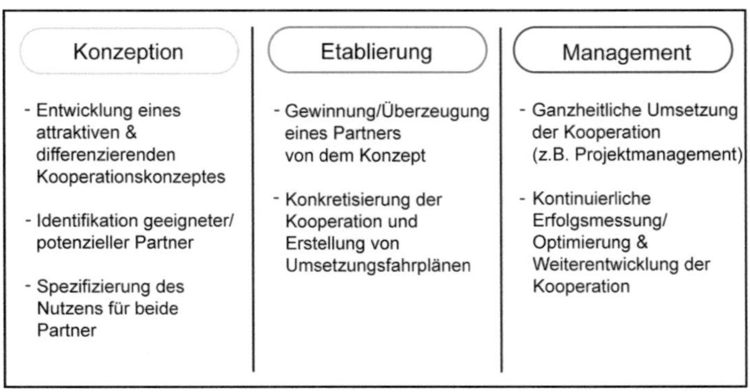


**Abbildung 15:** Erfolgsfaktoren von Marketingkooperationen
Quelle: Eigene Darstellung in Anlehung an Noshokaty, Döring & Thun (2007).

123 Vgl. Mayerhöfer (2006), S. 66 ff.

124 Reinhart/Schnauber (1997), S. 6.

125 Vgl. Tröndle (1987), S. 23.

126 Vgl. Meyer/Schade (2007), S. 10.

### 3.4.1 Attraktives und differenzierendes Kooperationskonzept

Das Konzept muss durch Innovation und einen sinnvollen Aufbau überzeugen, um Wettbewerbsvorteile zu bieten.
Je attraktiver das Konzept für alle beteiligten Parteien ist, desto wahrscheinlicher ist ein erfolgreicher Verlauf der Kooperation.
Außergewöhnliche Elemente in einer Marketingkooperation bieten eine Differenzierung zur Konkurrenz und erregen Aufmerksamkeit bei den Zielgruppen.

### 3.4.2 Nachhaltige Partnerwahl

Die Identifikation geeigneter potentieller Partner durch Zielgruppen-Analysen und Überprüfung des Leistungs- und Marken-Fits, stellt einen elementaren Erfolgsfaktor dar.
Die Kompatibilität der Unternehmen, nicht nur auf unternehmenspolitischer, sondern auch auf kultureller Ebene, ist eine Grundvoraussetzung für das Gelingen der Zusammenarbeit.[127]

Eine genaue Beschreibung der Überprüfung potentieller Partner befindet sich in Kapitel '3.7.2.2 Partner-Fit Analyse'.

### 3.4.3 Integration aller beteiligten Unternehmen

Thomas Friedli, Professor an der Universität St. Gallen, weist auf die Notwendigkeit hin, die Träger der Kooperation von Anfang an mit einzubeziehen. Eine große Anzahl an Kooperationen wird auf Managementebene geschlossen[128], aber nie praktisch umgesetzt, da sie oftmals schon in der Organisation scheitern.[129]

Bereits bei der Planung sollten alle beteiligten Unternehmen einen gleichwertigen Beitrag für die Zusammenarbeit leisten. Dazu gehören beispielsweise gemeinsame Treffen, um grundlegende Entscheidungen für den Ablauf der Zusammenarbeit zu fällen.

### 3.4.4 Schaffung einer Vertrauensbasis

Eine Kooperation beruht auf wechselseitigen Abhängigkeiten und könnte von konkurrierenden Unternehmen ausgenutzt werden, um an Interna der Wettbewerber zu gelangen. Diese Befürchtung führt in einigen Fällen dazu, dass es keine gemeinsame Vertrauensbasis gibt und es zu einem Fehlschlagen der Zusammenarbeit kommt.[130]

---

127 Baumgarten (1998), S. 35.

128 Sog. „Golfplatzallianzen"; Vgl. Meyer/Schade (2007), S. 66.

129 Vgl. Mayerhöfer (2006), S. 66 ff.

130 Vgl. Bronder (1993), S. 50 f.

Mit der Zunahme möglichen opportunistischen Verhaltens kann es innerhalb von Kooperationen zu Erhöhung der Transaktionskosten, im besonderen Maße der Kontrollkosten, kommen, so dass eine Zusammenarbeit ineffizient wird.[131]

Für eine funktionierende Kooperation ist daher ein offenes und verlässliches Mitarbeiterumfeld nötig. Ein vertrauensförderndes Kooperationsverhalten kann durch einen offenen Umgang mit Partnerschaften und der starken individuellen Einbringung der Unternehmensfähigkeiten gefördert werden.[132]

### 3.4.5 Generierung einer Win-Win-Win Situation

Die Basis einer erfolgreichen Zusammenarbeit ist die geplante Erreichung einer Win-Win Situation für die beteiligten Unternehmen, das bedeutet, dass z.B. bei einer bilateralen Zusammenarbeit beide Unternehmen einen Vorteil aus der Kooperation erhalten sollten.[133] Die Vorteile sollten dabei den Aufwand der Kooperation überwiegen.[134] Aber auch die Endkunden sollten idealerweise von der Kooperation der Unternehmen profitieren. Die Schaffung von Mehrwerten für die Konsumenten sollte ein zentrales Ziel jeder Zusammenarbeit sein.[135] Daher die Bezeichnung Win-Win-Win Situation.

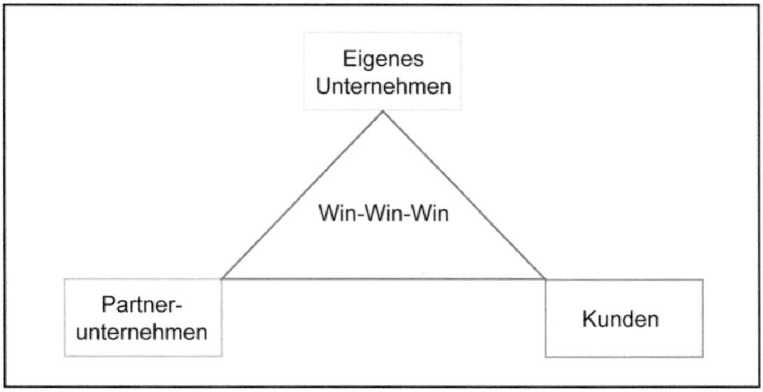


**Abbildung 16:** Win-Win-Win Situation
Quelle: Eigene Darstellung.

[131] Vgl. Kaufmann (1993), S. 82.

[132] Vgl. Bronder (1993), S. 50 f.

[133] Vgl. ebd., S. 52.

[134] Vgl. Baumgarten (1998), S. 35.

[135] Vgl. Schögel (2006), S. 7.

### 3.4.6 Engagement für die Zusammenarbeit

Für alle beteiligten Unternehmen sollte die Kooperation eine gleichwertige Relevanz besitzen, wodurch ein fairer Einsatz und eine aktive Teilnahme an der Zusammenarbeit gewährleistet wird. Falls sich ein Unternehmen nicht angemessen in die Kooperation einbringt, kann es zu Konflikten und zum Scheitern kommen.[136]

### 3.4.7 Kontinuierliche Erfolgsmessung und Optimierung der Kooperation

Ein gutes Konzept allein führt nicht unbedingt zum Erfolg einer Marketingkooperation. Die Verantwortlichen müssen auf externe Einflüsse des Marktes oder der Konkurrenz, aber auch auf interne Faktoren, reagieren.

Eine frühe Erkennung von Fehlentscheidungen, bzw. -einschätzungen und eine schnelle Reaktion sind wichtige Erfolgsfaktoren bei Kooperationen. Die Erfolgsmessung kann durch einen ständigen Abgleich zwischen Ist und Soll zur Optimierung der Zusammenarbeit beitragen.

[136] Vgl. Friese (1998), S. 94.

## 3.5 Chancen/Vorteile von Marketingkooperationen

Marketingkooperationen gelten als vorteilhaft und bieten den teilnehmenden Partner Chancen sich im Wettbewerb zu differenzieren. Die Vorteile der Kooperationen können nach unternehmensgerichteten, kundengerichteten und handelsgerichteten unterschieden werden.[137]

### 3.5.1 Unternehmensgerichtete Vorteile

Einer der wichtigsten unternehmensgerichteten Vorteile von Kooperationen ist der vereinfachte Zugang zu neuen Märkten durch die Minimierung der Markteintrittsbarrieren und die damit verbundene Effizienzsteigerung.[138]

Professor Thomas Friedli von der Universiät St. Gallen sagte in einem Interview vom 19.01.2006 in der Fachzeitschrift Capital:

> *„Diese Lösungen müssen schneller auf den Märkten sein und das Investitionsrisiko trotzdem beherrschbar bleiben. Dies führt dazu, dass auch große Unternehmen, die Kooperationen stets ausschlossen, mehr und mehr in solche einsteigen."*

Marketingkooperationen bieten bspw. in der Kommunikation Potentiale bei der Bekanntmachung und Verbreitung neuer aber auch bestehender Produkte, Marken etc. durch die Nutzung von Innovationsassoziationen. Durch die Kooperation mit Premium-Marken kann dem Kunden ein erhöhtes Qualitätssignal vermittelt werden.[139]

Ein weiterer Vorteil liegt in der Wettbewerbsdifferenzierung durch Erregung von Aufmerksamkeit und Interesse bei Käufern. Ein positiver Imagetransfer kann zwischen Produkten, Marken oder Branchen stattfinden. Dadurch kann z.B. der Markenwert bzw. die -stärke erhöht werden.[140]

Ein zentraler Vorteil von Marketingkooperationen liegt in der Kostenreduzierung[141], z.B. bei der Kreation, Produktion und Distribution von Werbemitteln.

137 Vgl. Kiesow (2006), S. 76 ff.

138 Vgl. Mayerhöfer (2006), S. 66 ff.; Meyer/Schade (1997), S. 22.

139 Vgl. Kiesow (2006), S. 76.

140 Vgl. ebd., S. 76.

141 Vgl. Kunze (2007), S. 188.

### 3.5.2 Kundengerichtete Vorteile

Durch Marketingkooperationen kann gezielt Einfluss auf die Gewohnheiten der Kunden in bezug auf Kauf und Verwendung der Produkte genommen werden, indem die Bekanntheit und das Image von Unternehmen bewusst eingesetzt und kombiniert werden.[142]

Eine erweiterte Kundenansprache bietet Zugang zu neuen Zielgruppen. Sog. 'Vertrauensprodukte' können durch die Kooperation mit bekannten Marken entstehen, indem positive Markenwerte und/oder -images auf ein anderes Produkt projiziert werden (Beispiel: Waschmaschinenhersteller, wie AEG, Bosch, Siemens etc., empfehlen den Wasserenthärter Calgon[143]).
Ein weiterer Vorteil ist die Aufmerksamkeitssteigerung durch den Einsatz innovativer Marketingmaßnahmen. Dadurch lässt sich bspw. die Bekanntheit der beteiligten Unternehmen erhöhen.[144]

Kooperationen im CRM (Customer Relationship Management), wie z.B. Kundenkarten und Kundenclubs, zielen vor allem auf Kundengewinnung und -bindung[145] und die Gewinnung relevanter Informationen über die Kunden (z.B. durch Payback Karte) ab.

### 3.5.3 Handelsgerichtete Vorteile

Durch Marketingkooperationen können z.B. Produkte durch die Schaffung relevanter Kundenmehrwerte einfacher abgesetzt werden. Dies führt i.d.R. zu einer höheren Leistungsbereitschaft des Handels.[146]

142 Vgl. Kiesow (2006), S. 76 ff.

143 Vgl. Reckitt Benckiser Deutschland GmbH (2008).

144 Vgl. Kiesow (2006), S. 76 ff.

145 Vgl. Gutknecht (2007), S. 188.

146 Vgl. Kiesow (2006), S. 76 ff.

## 3.6 Risiken/Nachteile von Marketingkooperationen

Marketingkooperationen können bei fehlendem Management und schlechter Planung viele Risiken, unterschiedlicher Natur, bergen. Im schlimmsten Fall führen diese zu Konflikten und evtl. einem Scheitern der Zusammenarbeit.
Aus finanzieller Perspektive kann es z.B. bei Zahlungsunfähigkeit eines Partners zu Schwierigkeiten kommen.[147] Aber auch Fehlkalkulationen oder unerwartete Marktentwicklungen können zu Problemen führen.

Ein Konfliktfeld sind mögliche „Gegenmaßnahmen" der Wettbewerber, die auf die Kooperation reagieren.[148] Ein großes Risiko sind Effizienzprobleme bei Organisation und Planung der Zusammenarbeit, da Kooperationen oftmals neben dem Stammgeschäft laufen und der zusätzliche Zeit- und Personalaufwand unterschätzt wird. Dies kann dazu führen, dass es Uneinigkeiten bei Abstimmungen und Umsetzungen geben kann. Zudem können Probleme auftreten, falls es unterschiedliche Abhängigkeiten von der Kooperation, sowie eine zu stark eingeschränkte Entscheidungsfreiheit gibt.

Beim Zusammenwirken verschiedener Marken innerhalb einer Kooperation kann es zu veränderten Markenassoziationen kommen, die evtl. einen negativen Spill-Over-Effekt aus Sicht der Konsumenten hervorrufen.[149] Dadurch können Marken nicht mehr individuell identifiziert werden und es kann zu einer sog. Markendehnung[150] kommen. Außerdem finden Imagetransfers nicht nur in positiver, sondern auch in negativer Richtung statt.

### 3.6.1 Konflikte und ihre Ursachen

> *„In der entstehenden temporären wechselseitigen Abhängigkeit können sowohl vor als auch nach Vertragsabschluss Probleme von Informationsasymmetrien zum Tragen kommen."*[151]

Das bedeutet, dass schon in den Anfangsphasen von Kooperationen durch einen unregelmäßigen Informationsaustausch eine Gefährdung der Zusammenarbeit entstehen kann. Die Kontakte zwischen den Unternehmen sind zu Beginn oftmals noch nicht sehr intensiv und potentielle Partner nicht dazu bereit, interne Daten offen zu legen.[152]

---

147 Vgl. ebd., S. 87.

148 Vgl. Kunze (2002), S. 6.

149 Vgl. Gutknecht (2007), S. 194.

150 Vgl. Keller (2003), S. 590.

151 Theurl (2001), S. 85.

152 Vgl. Kunze (2002), S. 9-10.

Ein fehlendes Schnittstellen- und Projektmanagement und dadurch Brüche zwischen den Entstehungsphasen der Kooperation, können Gründe für das Scheitern sein.[153] Darauf weist auch Torben Ballegard, Chef von Bang & Olufsen, hin.

> *„Das Immunsystem eines jeden Unternehmens mit seiner eigenen Kultur verhindert oftmals vertrauensvolle Teamarbeit mit anderen Gesellschaften – und ohne die funktioniert keine Kooperation."*[154]

Bang & Olufsen arbeiten gemeinsam mit dem koreanischen Samsung-Konzern an der Entwicklung hochwertiger Luxus-Mobiltelefone.

Durch mangelndes Vertrauen und die Tatsache, dass Kooperationen schon dazu missbraucht wurden, um Einblicke in Firmengeheimnisse der Konkurrenz zu gewinnen und Produktinformationen zu erhalten[155] können Kooperationen scheitern.

---

[153] Vgl. Thun (2007), S. 101 f.

[154] Vgl. Mayerhöfer (2006), S. 66 ff.

[155] Vgl. Mayerhöfer (2006), S. 66 ff.

## 3.7 Ablauf der Planung und Durchführung von Kooperationen

Alle Kooperationen besitzen einen Lebenszyklus, der anhand eines Phasenkonzeptes beschrieben werden kann. Die Phasen untergliedern sich dabei in einen Kooperationsentstehungs-, einen Durchführungsprozess und die Beendigung. Obwohl die Lebenszyklusbetrachtung nicht als sequentielle Abfolge der Phasen gesehen werden kann, bietet sich dennoch die Möglichkeit, den Kooperationsablauf einer Analyse in System und Struktur zu unterziehen.[156]

Bevor die Umsetzung der Kooperation erfolgen kann, muss der Entstehungsprozess, bestehend aus der Initiierungs-, Partnerermittlungs- und Konstituierungsphase, durchlaufen werden. Im Anschluss erfolgt die konkrete Implementierungsphase, die vom Management und Anpassungen an situative Änderungen begleitet wird. Die Endphase beinhaltet die geplante oder ungeplante Beendigung der Zusammenarbeit.[157]

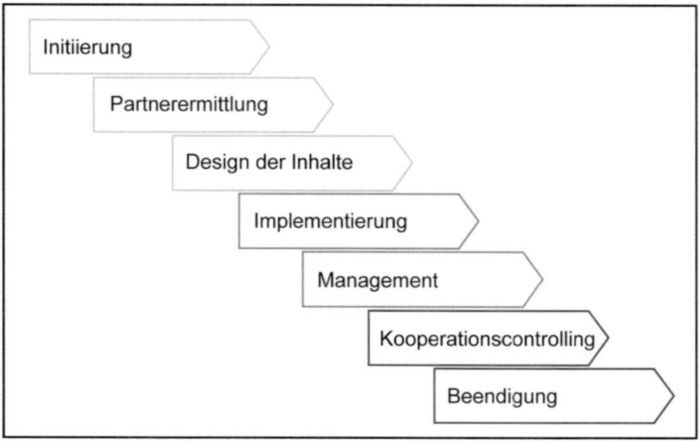


**Abbildung 17:** Kooperations-Lebenszyklus
Quelle: Eigene Darstellung in Anlehnung an Cools/Roos (2005), S. 20 und Baumgarten (1998), S. 33.

---

[156] Vgl. Schnoedt (1994), S. 60; Bronder (1993), S. 8.

[157] Vgl. Schnoedt (1994), S. 60 f.

### 3.7.1 Initiierung

Die erste Phase im Entstehungsprozess von Marketingkooperationen ist die Initiierung, in der die intraorganisatorische Entscheidung zur Durchführung einer Kooperation getroffen und erste Überlegungen zur Form der Zusammenarbeit angestellt werden.[158]

Letztendlich gibt es viele Gründe für Unternehmen sich für die Durchführung einer Kooperation zu entscheiden.[159] Schwachstellen im Unternehmen können dabei in Form einer Situationsanalyse ermittelt werden.[160]

#### 3.7.1.1 Situationsanalyse

Um eine klare Entscheidung für oder gegen eine Marketingkooperation treffen zu können, sollte zu Beginn eine Analyse der internen und externen Marken- bzw. Unternehmenssituation erstellt werden.[161] Hierbei sind vor allem die situativen Bestimmungsfaktoren wie Markt, Kunden, Wettbewerb und potentielle Partnerunternehmen von hoher Relevanz.

| Markt | Kunden |
|---|---|
| - Wachstum/Größe<br>- Sättigungsgrad<br>- Marktaufteilung<br>- Substitutionsgrad<br>- Marktentwicklung/-Potential<br>- Preisstruktur | - Kaufkraft<br>- Bedürfnisstruktur<br>- Bedürfniserfüllung<br>- Produkt-/Markenbekanntheit<br>- Wiederkaufsrate<br>- Käuferstrurktur |
| **Wettbewerb** | **Partner** |
| - Wettbewerbsstärke<br>- Angebotsprogramm/-differenzierung<br>- Kundenorientierung<br>- Preisniveau<br>- Käuferstruktur<br>- Produkt-/Markenbekanntheit | - Angebotsprogramm/Differenzierung<br>- Kommunikationsstrategie<br>- Marktstellung/-abdeckung<br>- Preisniveau<br>- Unternehmensansehen/-bekanntheit<br>- Kundenorientierung/Zielgruppe |

**Abbildung 18:** Komponenten einer kooperationsorientierten Situationsanalyse
Quelle: Eigene Darstellung in Anlehnung an Kunze (2002), S. 8.

Die entsprechenden Daten werden durch die Marktforschung ermittelt.[162]

158 Vgl. Schnoedt (1994), S. 61.

159 Vgl. Kapitel '3.1 Motive für Marketingkooperationen'.

160 Vgl. Schnoedt (1994), S. 61.

161 Vgl. Bronder (1993), S. 9.

162 Vgl. Kunze (2002), S. 8.

Durch die Analyse können mögliche Handlungsalternativen bewertet und ausgewählt werden. Die Identifikation und Fixierung der Schwachstellen des Unternehmens führen zur Feststellung der (Kooperations-) Motive, die wiederum die (Kooperations-) Ziele ergeben.[163]

#### 3.7.1.2 Strategische Entscheidung

Anhand der Situationsanalyse kann das bestehende Potential von Kooperationen bestimmt werden.[164] Bevor die finale Entscheidung für eine Zusammenarbeit gefällt wird, sollte noch überprüft werden, ob die Kooperationsfähigkeit des Unternehmens bzgl. des Kooperationsverhaltens, der Organisationsstruktur und des Managementsystems ausreichend gewährleistet ist.[165]

Sind alle Kriterien erfüllt, kann sich das initiierende Unternehmen für eine Form von Marketingkooperationen entscheiden.[166] Für den ausgewählten Kooperationstyp muss im Anschluss die Ermittlung eines oder mehrerer passender Partner durchgeführt werden.

### 3.7.2 Partnerermittlung

Die Ermittlung der/des Kooperationspartner/s kann in drei Schritte unterteilt werden. Zunächst sollte das Profil des 'Wunschpartners' geklärt werden. Danach erfolgt die Erstellung und Auswertung einer Fit Analyse. Im letzten Schritt werden die potentiellen Kooperationspartner kontaktiert und erste Gespräche geführt.

#### 3.7.2.1 Erstellung des gewünschten Partnerprofils

Durch die Erstellung eines Anforderungsprofils kann ein Unternehmen die wichtigsten Merkmale, die der Kooperationspartner aufweisen sollte, festlegen. Dazu gehören bspw. Angaben über Unternehmensgröße und Umsatz, aber auch über Kompatibilität und Kompetenz des potentiellen Partners.[167]

**Kompatibilität**

Die Kompatibilität zum eigenen Unternehmen wird häufig als 'Partner Fit' bezeichnet.[168] Der unternehmenspolitische und strategische Fit, d.h. die Übereinstimmung der Ziele

[163] Vgl. Schnoedt (1994), S. 62 f.

[164] Vgl. Bronder (1993), S. 9.

[165] Vgl. ebd., S. 9.

[166] Vgl. 'Kapitel 3.2 Typen von Marketingkooperationen'.

[167] Vgl. Friese (1998), S. 91.

[168] Vgl. Friese (1998), S. 92.

und Strategien der Unternehmen, stellt einen wichtigen Ausgangsparameter für das Gelingen einer Zusammenarbeit dar.[169]

**Kompetenz**
Häufig werden Unternehmen mit komplementären Stärken und Ressourcen gesucht.[170] Je nach Kooperationstyp kann jedoch auch ein Unternehmen mit völlig unterschiedlichen Produkten geeignet sein.

#### 3.7.2.2 Partner-Fit Analyse

In der Partner-Fit Analyse sollten sämtliche potentielle Branchen bzw. Unternehmen auf Kompatibilität zum Anforderungsprofil des initiierenden Unternehmens überprüft werden. Für das Zustandekommen und die Stabilität der Partnerschaft sind Übereinstimmungen auf unternehmenspolitischer Ebene ('fit' der strategischen Ziele) und auf unternehmenskultureller Ebene ('fit' der Wertvorstellungen, Normen und Strukturen) wichtig.[171]

Außerdem müssen die Produkte und die Markenbotschaften, bzw. Assoziationen mit der Marke der Unternehmen zueinander passen und auch aus Kundensicht eine evtl. überraschende, aber stimmige Kombination darstellen. Die Positionierungen der Partner in bezug auf das Preisniveau sollten vergleichbar sein.[172] Eine persönliche Harmonie zwischen den Beteiligten fördert den positiven Verlauf einer weiteren Partnerschaft[173] und reduziert das Konfliktpotential.[174]

Die Fit Analyse gibt im Idealfall Empfehlungen für eine Reihe von Unternehmen oder unterschiedliche Branchen.[175] Die Auswertung der Fit Analyse kann bspw. durch ein Punktbewertungsverfahren, sog. Scoring-Modelle erfolgen.[176] Dabei werden alle Kriterien des Anforderungsprofils nach Relevanz gewichtet, mit Punktwerten versehen und dadurch mögliche Partner ermittelt.

[169] Bronder (1993), S. 84.

[170] Vgl. Friese (1998), S. 91.

[171] Vgl. Zentes (1992), S. 305.

[172] Vgl. Meyer/Schade (2007), S. 10.

[173] Vgl. Brechelt (2006), S. 32.

[174] Vgl. Friese (1998), S. 92 f.

[175] Vgl. Kunze (2002), S. 9.

[176] Vgl. Schwamborn (1994), S. 158 ff.

#### 3.7.2.3 Aktive Partnersuche und Kontaktaufnahme

Bei der anschließenden Suche nach potentiellen Partnerunternehmen werden Kontakte aufgebaut und erste Ansätze zu möglichen Erscheinungsbildern der Kooperation präsentiert.
Eine Kontaktaufnahme kann beispielsweise über einen externen Dienstleister in Form einer Agentur oder einer Online-Vermittlungsplattform, aber auch persönlich auf Messen/Ausstellungen/Kongressen oder direkter Ansprache per Mail/Telefon erfolgen.[177] Bei einem persönlichen Treffen sollten dann die Kooperationsideen vorgestellt werden. Für die adressierten Unternehmen wird es dadurch leichter, sich eine Kooperation vorzustellen und ggf. positiv zu reagieren.

Falls ein Unternehmen Interesse an einer Zusammenarbeit hat, sollte vor oder im Verlauf der Verhandlungen ein LOI (Letter of intent)[178] aufgesetzt werden.[179] Experten empfehlen außerdem die Abschließung einer Geheimhaltungsvereinbarung zu Beginn der Zusammenarbeit.[180]

### 3.7.3 Design der Kooperation

Bei den Kooperationsverhandlungen werden die konkreten Inhalte der Partnerschaft entwickelt. Hierbei ist es von hoher Relevanz, dass beide Unternehmen ihre Ziele aufzeigen und ein gemeinschaftliches Konzept zur Durchführung der Kooperation erstellt wird. Die zentralen Kriterien zum Umfang über die geplante Zusammenarbeit sind hierbei Zeitdauer, Intensität, geographische Ausdehnung und Budgetierung.[181]

#### 3.7.3.1 Fixierung der Kooperationsziele

Im ersten Schritt sollten sich alle beteiligten Unternehmen gegenseitig ihre individuellen Kooperationsziele darlegen. Diese müssen nicht identisch sein, sollten jedoch in eine ähnliche Richtung gehen.
Die Offenlegung der unternehmensindividuellen Ziele dient der Klärung der Erwartungen an die Zusammenarbeit.[182]

---

177 Vgl. Meyer/Schade (2007), S. 66.

178 Letter of intent = unverbindliche, einseitige Absichtserklärung zw. zwei oder mehreren Vertragspartnern, in dem die Vertragsparteien bestätigen, dass sie in Verhandlungen über einen Vertragsabschluss stehen. Der Hrsg. ist dadurch jedoch nicht zum Eintritt oder zur Weiterführung laufender Verhandlungen verpflichtet.

179 Vgl. Schmoll (2001), S. 76.

180 Vgl. Nachtwey (2007), S. 82.

181 Vgl. Friese (1998), S. 90.

182 Vgl. Meyer/Schade (2007), S. 74.

#### 3.7.3.2 Festlegung der Planungsparameter

**Zeithorizont**

Der Zeitraum kann beliebig vereinbart werden und zwischen kurz-, mittel- und langfristig variieren. In der Regel sind Marketingkooperationen jedoch kurz- oder mittelfristig angelegt.

**Verflechtungsintensität**

Bei der Intensität lassen sich die Bindungsintensität (mündliche oder schriftliche Vereinbarung) und die Bedeutungs-, sowie Kommunikationsintensität unterscheiden.[183]
Die Bindungsintensität kann sich dabei auch auf die Stärke der Bindung bzgl. der Schwierigkeit einer Auflösung beziehen (Stärke der Integration).

**Reichweite**

Als weiteres Kriterium kann die geographische Ausdehnung auf lokaler, regionaler, nationaler und internationaler Ebene stattfinden.

**Budget**

Ein wichtiger Punkt ist die Klärung des Budgets, das für die Kooperation angesetzt werden soll. Finanzielle Fragen sollten im Detail geklärt werden.[184]

#### 3.7.3.3 Klärung der Inhalte der Kooperation

Die Inhaltsgestaltung stellt den umfangreichsten und wichtigsten Punkt dar, in dem die Partner abstimmen, was das Kernthema der Zusammenarbeit sein soll und welche Zielgruppen damit adressiert werden sollen. Jedes beteiligte Unternehmen sollte im gleichen Maße Anteil an den Kooperationsmaßnahmen haben.[185]
Alle Punkte werden anschließend in einem Kooperationsabkommen fixiert.
Die Entwicklung des Kooperationskonzeptes kann selbständig oder mit Unterstützung eines externen Dienstleisters erfolgen.[186]

**Input der Partnerunternehmen – Erstellung des Business Plans**

Es sollte gleich bei der Planung festgelegt werden, welchen Input die beteiligten Unternehmen zu leisten haben.[187] Dies kann sich auf Sach-Ressourcen (wie Maschinen, Vorräte etc.), immaterielle Güter (z.B. Schutzrechte, Lizenzen) als auch auf finanzielle

183 Vgl. Kunze (2002), S. 9-13.
184 Vgl. ebd., S. 9-13.
185 Vgl. Kunze (2002), S. 9-13.
186 Vgl. Meyer/Schade (2007), S. 73.
187 Vgl. Schwamborn (1994), S. 168 f.

und personelle Ressourcen beziehen.[188] In einer Kalkulation sollten die anfallenden Kosten zusammengestellt und gerecht aufgeteilt werden.[189] Anschließend werden im idealtypischen Ablauf alle Vereinbarungen in einem Business Plan festgehalten.

**Einnahmen der Kooperation**

Die Aufteilung der ggf. entstehenden Einnahmen muss in der Planung berücksichtigt werden. Die Anteile an den Einnahmen sollten den Leistungsanteilen der Unternehmen entsprechen.[190]

**Erstellung eines Umsetzungsfahrplanes**

Nachdem alle Maßnahmen definiert, und Input sowie Aufteilung von Einnahmen geklärt wurden, sollte ein sog. Umsetzungsfahrplan erarbeitet werden.[191] In diesem wird die Kooperation in „Arbeitspakete" aufgeteilt und festgelegt wann[192] und durch welchen Kooperationspartner[193] sie erledigt werden.

#### 3.7.3.3 Erstellung eines Kooperationsvertrages

Zur rechtlichen Absicherung von Marketingkooperationen sollte ein Vertrag erstellt werden, in dem mögliche Streitpunkte geregelt werden.[194]

Alle Planungsparameter, jeweilige Ziele, konkrete Kooperationsmaßnahmen, die Aufgabenverteilung und die Einigung über Input und Einnahmen können vertraglich fixiert werden. Eine detaillierte Klärung bspw. der gegenseitigen Markennutzungsrechte ist wichtig, um spätere Konflikte zu vermeiden. Außerdem sollten Haftungsrisiken durch eine wettbewerbsrechtliche Prüfung aller Kommunikationsmaßnahmen minimiert werden.[195]

**Kündigungsregelung**

Hierbei muss zwischen kurz- und langfristigen Kooperationen unterschieden werden. Kurzfristige Aktionen, wie gemeinsame Vermarktungs- und Abverkaufsmaßnahmen, sind von zeitlich begrenzter Dauer und enden nach Ablauf der gemeinsamen Aktivitäten. Dagegen ist bei langfristigen Kooperationen, wie Vertriebspartnerschaften, die exakte Dauer der Zusammenarbeit nicht von Beginn an absehbar. Deshalb empfiehlt

---

188 Vgl. Friese (1998), S. 100.

189 Vgl. Meyer/Schade (2007), S. 76.

190 Vgl. ebd., S. 76 f.

191 Vgl. ebd., S. 76 f.

192 Vgl. ebd., S. 76 f.

193 Vgl. Kieser/Walgenbach (2007), S. 74.

194 Vgl. Meyer/Schade (2007), S. 78.

195 Vgl. Willhardt (2007), S. 43.

es sich aus juristischer Sicht, einen Vertrag mit einer befristeten Laufzeit aufzusetzen und nach Ablauf neu zu verhandeln.[196]

Außerordentliche Kündigungsgründe und Haftungsfreistellungen sollten nach Möglichkeit mit in den Vertrag aufgenommen werden, um nicht für Fehler, die vom Kooperationspartner begangen wurden, haften zu müssen.[197]

Falls auf einen Vertrag verzichtet wird, gehen die Kooperationspartner automatisch eine OHG (Offene Handelsgesellschaft) ein. Diese Unternehmensform bedeutet jedoch immer eine uneingeschränkte, gesamtschuldnerische Haftung.[198]

**Wettbewerbsverbot**
Durch ein Wettbewerbsverbot kann verhindert werden, dass nach Beendigung der Zusammenarbeit ein ehemaliger Partner mit einem Konkurrenten kooperiert. Die Idee der Marketingkooperation kann rechtlich nicht geschützt werden, aber durch ein Wettbewerbsverbot der Eintritt in das Marktsegment des Kooperationspartners und Kooperationen mit Wettbewerbern untersagt werden.[199]

### 3.7.4 Implementierung

Der Beginn der Zusammenarbeit sollte gut vorbereitet und vor allem durch ein funktionierendes Management geleitet werden. Die Beiträge aller Parteien müssen gesteuert werden.

### 3.7.5 Management von Marketingkooperationen

Beim Management von Marketingkooperationen sind eine Vielzahl an Faktoren zu berücksichtigen, um die Zusammenarbeit zu festigen. Die Komplexität liegt auf der Einbeziehung unterschiedlichster Unternehmensziele[200], -philosophien und -kulturen.
Eine Zusammenarbeit kann von einer engen Kooperation mit einem oder wenigen Unternehmen, bis hin zu „multiplen“ Partnerschaften mit diversen Unternehmen reichen. Daher wird das Kooperationsmanagement stets vor eine organisatorische Herausforderung gestellt.[201]

---

196 Vgl. Meyer/Schade (2007), S. 80.

197 Vgl. Willhardt (2007), S. 43.

198 Vgl. Meyer/Schade (2007), S. 80.

199 Vgl. Meyer/Schade (2007), S. 81.

200 Vgl. Schögel (2006), S. 4.

201 Vgl. ebd., S. 4.

*Kooperationsmanagement umfasst alle Tätigkeiten, die im Zusammenhang mit der Gestaltung, Lenkung und Entwicklung eines konkreten Kooperationsprojekts anfallen.*[202]

Innerhalb einer Kooperation bedarf es einer funktionierenden Koordination zur Verteilung von Arbeit und Aufgaben.[203] Die Instrumente bzw. Mechanismen zur Koordination werden zur Kontrolle der i.d.R. bestehenden Interdependenzen und der zielorientierten Steuerung aller Aktivitäten eingesetzt.[204]

### 3.7.5.1 Organisation Kooperationsmanagement

Nach Kieser/Kubicek können vier unterschiedliche Koordinationsmechanismen zum Kooperationsmanagement unterschieden werden:

- Persönliche Weisung
- Selbstabstimmung
- Programme
- Pläne[205]

Innerhalb der Kooperation stehen die beteiligten Unternehmen i.d.R. in einem Gleichordnungsverhältnis, dadurch können keine hierarchischen Strukturen zur Koordination eingesetzt werden.[206] Programme und Pläne sind v.a. in der Planungsphase von Relevanz. Während der Kooperation werden Selbstabstimmungen, in Form von Ad-hoc-, aber auch institutionalisierten Koordinationen, wie Treffen, Gespräche, Verhandlungen usw., eingesetzt.[207] Eine funktionierende Kommunikation zwischen den Kooperationspartnern stellt die Basis für eine erfolgreich Koordination dar.

### 3.7.5.2 Kommunikation Kooperationsmanagement

Das Management der Kooperation kann auf unterschiedliche Arten kommuniziert werden. Je nach Verflechtungsintensität und Integration der beteiligten Unternehmen, kann ein ausgeprägter, regelmäßiger Austausch oder eine oberflächliche und seltene Kommunikation geführt werden. Dies hängt stark von der jeweiligen Unternehmenskultur ab.

---

[202] Vgl. Fuchs (1999), S. 41.

[203] Vgl. Hirschmann (1998), S. 18.

[204] Vgl. Kieser/Kubicek (1992), S. 95 f.

[205] Vgl. Kieser/Kubicek (1992), S. 103.

[206] Vgl. Hirschmann (1998), S. 18 f.

[207] Vgl. ebd., S. 18 f.

Die Kommunikation wird durch unterschiedliche Mittel geführt (z.B. persönlich in Treffen, durch telefonische Absprachen, per E-Mail). Eine Koordination der Kommunikation kann zur Entlastung der beteiligten Unternehmen auch durch einen externen Dienstleister erfolgen.

#### 3.7.5.3 Mediation der Kooperation

Jede Kooperation birgt auch ein gewisses Konfliktpotential, das dadurch hoch einzustufen ist, da zu den bestehenden intraorganisatorischen noch weitere interorganisatorische Konfliktbereiche hinzukommen.[208]
Zur Konfliktvermeidung sollten in jedem Fall die Rahmenbedingungen eingehalten werden und nach Möglichkeit aufkeimende Unstimmigkeiten sofort beseitigt werden. Eine objektive Mediation kann durch juristischen Beistand oder einen anderen externen Dienstleister gewährleistet werden.

### 3.7.6 Kooperationscontrolling

Das Kooperationscontrolling kann als ein Bestandteil des Kooperationsmanagements betrachtet werden, da hier alle Planungs- und Kontrollsysteme miteinander verbunden werden.[209]

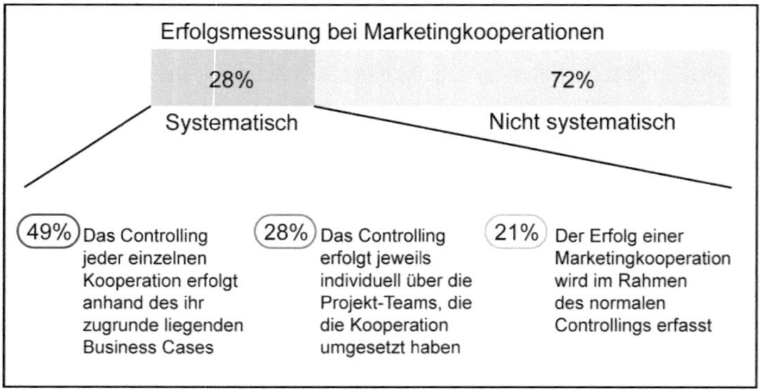


**Abbildung 19:** Controlling von Marketingkooperationen
Quelle: Eigene Darstellung in Anlehnung an Noshokaty, Döring & Thun (2007).

Die Integration einer Kooperationscontrolling-Einheit ist keineswegs verpflichtend. Und obwohl durch das Controlling Planungs-, Entscheidungs- und Durchführungs-Vorteile realisiert werden können, gibt es Kooperationen, bei denen kein Controlling in An-

[208] Vgl. Friese (1998), S. 101.

[209] Vgl. Bronder (1993), S. 60 ff.

spruch genommen wird. So konnte Noshokaty, Döring & Thun durch eine Befragung von 108 Unternehmensvertretern ermitteln, dass nur ca. ein Drittel aller befragten Unternehmen Erfolgsmessungen von Marketingkooperationen systematisch erfassen.[210]

#### 3.7.6.1 Aufgaben und Ziele des Kooperationscontrolling

Im Gegensatz zur vergangenheitsorientierten Kontrolle konzentriert sich das Controlling in erster Linie auf Gegenwart und Zukunft der Kooperationsaktivitäten.[211]
Zum Einen werden im Kooperationscontrolling Strategien entwickelt (strategisches Controlling) und die operative Durchführung überprüft (operatives Controlling). Zum Anderen stellt es auch eine Austausch- und Kommunikationsplattform für die involvierten Abteilungen der Kooperationspartner dar.[212]
Grundsätzlich werden im Kooperationscontrolling quantitative und qualitative Informationen zur Planung und Kontrolle gewonnen und bewertet. Dadurch können z.B. Empfehlungen zur Nutzung von Wertsteigerungspotentialen oder Reduzierung von Schwachstellen gemacht werden.[213]

#### 3.7.6.2 Formen des Kooperationscontrollings

Es gibt input- und outputorientiertes, aber auch effizienz- und effektivitätsorientiertes Kooperationscontrolling. Diese beiden Formen sind nicht identisch[214], da unter Effizienz die quantifizierbaren Input-Output-Beziehungen und unter Effektivität nur der Output, in Kombination mit den zu erreichenden Zielen, verstanden wird.[215]
Als Basis für ein inputorientiertes Kooperationscontrolling wird eine umfassende Transparenz bei Ressourcen, Informationsflüssen und Leistungen erwartet.[216]

### 3.7.7 Beendigung der Kooperation

Bei der Beendigung von Kooperationen können vier Gründe unterschieden werden.
Der erste Grund kann ein mangelhaftes Kooperationskonzept sein, das evtl. mit unpassenden Partnern initiiert wurde. Falls das Konzept keine Tragfähigkeit bietet, sollte die Zusammenarbeit schnellstmöglich abgebrochen werden.
Ein zweiter Grund für eine Beendigung kann sein, dass die Kooperation nicht mehr in die Marketingstrategie einer der Partner passt.

---

210 Vgl. Huber/Thun (2007), S. 47.

211 Vgl. Preißler (2007), S. 16.

212 Vgl. Bronder (1993), S. 60 ff.

213 Vgl. ebd., S. 62.

214 Vgl. Iristay (2007), S. 276.

215 Vgl. Trumpp (1995), S. 12 f.

216 Vgl. Iristay (2007), S. 276.

Ein ausbleibender Erfolg kann als dritter Beendigungsgrund in Frage kommen. Dies kann durch Fehleinschätzungen des Marktes oder des gesamten Kooperationsverlaufs geschehen, auch wenn es Optimierungsansätze gab.

Viertens können unterschiedliche Erwartungen der Kooperationspartner an die Zusammenarbeit zu einer Beendigung führen. Dies kann in jeder Phase des Kooperations-Lebenszyklus eintreten.[217]

Durch die Umfrage konnte Noshokaty, Döring & Thun mögliche Beendigungsgründe innerhalb der drei Phasen Konzeption, Etablierung und Management ermitteln.

| Konzeption | Etablierung | Management |
|---|---|---|
| - Kein echter Nutzen für den Endkunden 63% | - Unzureichende Vorbereitung 67% | - Mangelnde Ressourcen und Kontinuität in der Projektbetreuung 73% |
| - Zu geringe Berücksichtigung beidseitiger Marketingzielsetzungen 50% | - Mangelnder „Fit" der Partner 50% | - Inadäquate Umsetzung 46% |
| - Unterschätzung von Zusatzkosten 32% | - Kooperation wird „aus dem Bauch heraus" geschlossen 48% | |

**Abbildung 20:** Scheiterungsgründe von Marketingkooperationen
Quelle: Eigene Darstellung in Anlehnung an Noshokaty, Döring & Thun (2007).

[217] Vgl. Thun (2007), S. 104.

# 4. Ermittlung von Effizienz und Effektivität bei Marketingkooperationen

Obwohl es viel Literatur zu Unternehmens- und auch Marketingkooperationen im Speziellen gibt, mangelt es an Ansätzen zur Ermittlung der Effizienz und Effektivität von Marketingkooperationen. Der größte Teil der Literatur widmet sich den Motiven, Entstehungsprozessen, Inhalten und dem Management der Zusammenarbeit. Für Unternehmen gibt es daher bisher wenige Methoden die Marketingkooperationen sinnvoll auszuwerten.

Bei der Erfassung von Effizienz und Effektivität spielen Input, Output und die Zielsetzungen die größte Rolle.
Zur Effizienzanalyse werden generell Input und Output verglichen und zur Ermittlung der Effektivität werden Unterschiede zwischen Output und Zielsetzungen geprüft.

In der wirtschaftlichen Praxis konzentrieren sich vor allem junge Unternehmen, die zu Beginn noch wenig Erfahrung bei der Bewertung der Outputgrößen besitzen, auf die Messung des Inputs. Wenn Unternehmen wachsen und sich weiterentwickeln, verschiebt sich jedoch ihr Fokus i.d.R. auf die Ergebnisbetrachtung, das bedeutet, dass der Output einen höheren Stellenwert einnimmt.[218]

In den vergangenen Jahren fand bei vielen Unternehmen ein Wechsel von einer starken Orientierung am Input hin zum Output statt.[219]

---

218 Vgl. Anderson (1990), S. 27.

219 Vgl. ebd., S. 27.

## 4.1 Effizienz und Effektivität im Marketing

Effizienz und Effektivität gewinnen im Marketing zunehmend an Bedeutung. Dadurch, dass der Nutzen von Marketingaktivitäten in vielen Fällen nicht einfach messbar ist, wurden zahlreiche Ansätze zur Überprüfung von Marketingmaßnahmen entwickelt. Einige Methoden aus dem Marketingcontrolling und der Kontrolle werden im nachfolgenden Kapitel dargestellt.

### 4.1.1 Marketingcontrolling und Kontrolle zur Erfolgsmessung im Marketing

Um einen Nachweis über Effizienz und Effektivität im Marketing erbringen zu können, wurden unterschiedliche Methoden im Rahmen des Marketingcontrollings und der Kontrolle entwickelt. Dabei geht es in erster Linie um die Messung des Marketingoutputs und Schaffung von Transparenz bei der Ursachen-Wirkungsbeziehung zwischen Marketinginput und -output.[220]

> *„Marketingcontrolling umfasst die Identifikation und Bereitstellung sämtlicher interner und externer Informationen, die zur Sicherung der Rationalität, also der Effektivität (Wirksamkeit) und Effizienz (Wirtschaftlichkeit) einer marktorientierter Unternehmensführung entlang des gesamten Marketingmanagenementprozesses benötigt werden.“*[221]

Maßnahmen des Marketingcontrollings sollten schon bei der Planung und idealerweise während des gesamten Marketingprozesses eingesetzt werden.

#### 4.1.1.1 Aufgaben und Ziele des Marketingcontrollings und der Kontrolle

Die vier wichtigsten Aufgaben des Marketingcontrollings liegen in der Planung, Kontrolle, Steuerung und Informationsaufbereitung. Aber auch die sog. Feedback- und Feedforward-Funktion[222], die sich auf die Optimierung durch Erfahrungswerte bezieht, spielt eine große Rolle.[223]

> *„Marketing-Controlling is the process by which managers assure that resources are obtained and used effectively and efficiently in the accomplishment of the organization’s objectives.”*[224]

---

220 Vgl. Meffert et al. (2008), S. 795.

221 Vgl. Reinecke/Janz (2007), S. 47.

222 Vgl. Link et al. (2000), S. 203.

223 Vgl. Esch et al. (2008), S. 379.

224 Vgl. Anthony et al. (1969), S. 7.

Je nach Perspektive (z.B. Marketing oder Rechnungswesen) besteht ein eigenes Controlling-Verständnis, das anhand der nachfolgenden Zitate dargestellt wird:

**Kotler/Bliemel**
Aufdeckung von Problemen und Chancen, Jahresplankontrolle, Aufwands- und Ertragskontrolle, Effizienzkontrolle und Strategiekontrolle.[225]

**Köhler**
Koordination der Informationsversorgung der Marketingplanung und -kontrolle sowie der Organisationseinheiten und Mitarbeiterführung im Marketingbereich.[226]

**Reichmann**
Informationelle Fundierung von Führungsentscheidungen über die Außenbeziehungen der Unternehmung im Mittelpunkt des Marketingcontrolling. Insbesondere ist eine Optimierung des Marketing-Mix sowie eine rechtzeitige Aufdeckung von Schwachstellen anzustreben.[227]

**Link/Gerth/Voßbeck**
Einsatz und Verbesserung von Planungs-, Kontroll- und Informationssystemen im Marketingbereich zur Erhöhung der Führungseffizienz, sowie Integration dieser Systeme untereinander und mit anderen Führungssystemen.[228]

Die Ziele des Marketingcontrollings werden durch die zu erfüllenden Aufgaben konkretisiert,[229] deshalb fallen die Zielsetzungen des Controllings stets unterschiedlich aus.[230]

Die wichtigsten Ziele sind i.d.R.:

- Beitrag zur Sicherstellung der Unternehmensexistenz
- Erhöhung der Effizienz im Marketing
- Unterstützung der Planung, Koordination und Kontrolle
- Gewährleistung der Informationsversorgung
- Erhöhung der Marketing-Flexibilität[231]

225 Vgl. Kotler/Bliemel (1999), S. 142 f.

226 Vgl. Köhler (1998), S. 11 ff.

227 Vgl. Reichmann (1995), S. 343.

228 Vgl. Link et al. (2000), S.13.

229 Vgl. Auerbach (1994), S. 55.

230 Vgl. Preißler (2007), S. 30.

231 Vgl. Auerbach (1994), S. 55 ff.

Die Marketingkontrolle kann als ein wichtiger Bestandteil des Marketingcontrollings betrachtet werden. Sie wird meist im Anschluss (bei einer abgeschlossenen Aktivität) eingesetzt.

Laut Böcker besitzt die Marketingkontrolle drei grundlegende Funktionen:

- Sicherheitsfunktion
- Initiierungsfunktion
- Lernfunktion[232]

Sie soll die Ausrichtung aller Aktivitäten an den definierten Zielen sicherstellen und durch die Aufbereitung von Informationen und Erfahrungswerten zur Anpassung und Verbesserung von Maßnahmen beitragen.[233]

#### 4.1.1.2 Charakteristika des Marketingcontrollings und der Kontrolle

Grundsätzlich muss zwischen den beiden Ansätzen des strategischen und operativen Marketingcontrollings unterschieden werden.[234] Während das strategische Marketingcontrolling zur Schaffung und Sicherung zukünftiger Erfolgspotentiale dient, konzentriert sich das operative Marketingcontrolling auf die Nutzung bereits bestehender Erfolgspotentiale.[235]

Maßnahmen des Marketingcontrollings kommen im gesamten Managementprozess zum Tragen. Das strategische Marketingcontrolling bezieht sich bspw. auf Planung und Steuerung. Die frühzeitige Erkennung und damit die Unterbindung von Abweichungen spielt die größte Rolle.[236] Dies wirkt sich vor allem auf die Existenzsicherung, das Unternehmenswachstum und die Wettbewerbsfähigkeit[237] aus.

Die Untersuchung der Wirtschaftlichkeit und Effizienz von Marketingaktivitäten[238] wird im operativen Marketingcontrolling größtenteils durch eine Soll-Ist-Analyse, die sich auf bereits abgeschlossene und momentane Aktivitäten bezieht, vorgenommen. Die Marketing-Kontrolle trägt v.a. zur Transparenzerzeugung von Marketingaktivitäten bei.[239]

---

232 Vgl. Böcker (1988), S. 35 ff.

233 Vgl. Kuß/Tomczak (2002), S. 265.

234 Vgl. Esch et al. (2008), S. 379.

235 Vgl. Link et al. (2000), S. 20 f.

236 Vgl. Esch et al. (2008), S. 379 f.

237 Vgl. ebd., S. 379 f.

238 Vgl. Auerbach (1994), S. 62.

239 Vgl. Bronder (1993), S. 61.

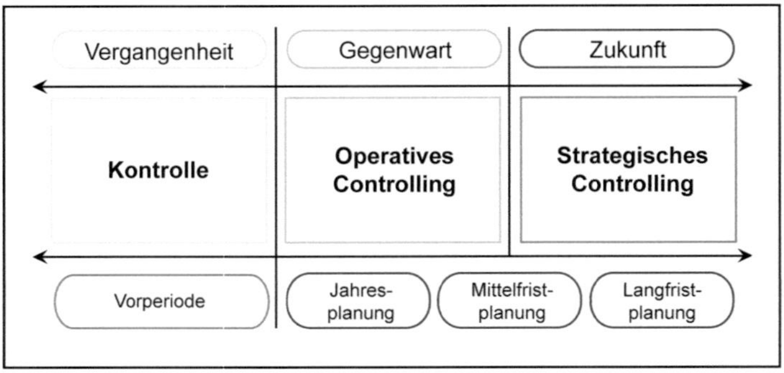


**Abbildung 21:** Einteilung operatives, strategisches Controlling und Kontrolle
Quelle: Eigene Darstellung in Anlehnung an Preißler (2007), S. 19

Das operative Marketingcontrolling und die Marketing-Kontrolle untersuchen in erster Linie abgeschlossene Maßnahmen.[240] In der Literatur gibt es häufig Parallelen in der Funktionsbeschreibung des operativen Marketingcontrollings und der Marketing-Kontrolle. Daher soll im weiteren Verlauf der Arbeit die Erfolgskontrolle i.S. der Marketing-Kontrolle und des operativen Marketingcontrollings betrachtet werden.

#### 4.1.1.3 Herausforderungen bei der Erfolgsmessung

Eine Herausforderung bei der Erfolgsmessung stellt die große Anzahl nicht-monetärer Effizienzkriterien im Marketing dar. Dazu zählen z.B. Größen wie: Marktanteil, Kundenzufriedenheit, Kundenbindung, Bekanntheitsgrad, Markenimage, Reichweiten von Werbeträgern und Erinnerungswerte bei Werbebotschaften sowie Distributionsziffern.[241] Diese gilt es weitestgehend zu monetarisieren. Außerdem können zur ergebnisorientierten Erfolgsbewertung einer Marketingaktivität die benötigten Informationen erst nach Abschluss der betreffenden Maßnahme gewonnen werden.[242]
In Marketing und Vertrieb ist eine eindeutige Zuordnung von Leistungen und Resultaten nicht immer möglich. Die Maßnahmen können teilweise Auswirkungen auf mittel- bis langfristige Erlöskonsequenzen haben. Daher ist eine unmittelbare Erfolgsmessung nicht immer möglich.[243]

---

240 Vgl. Esch et al. (2008), S. 384.

241 Vgl. Link et al. (2000), S. 15.

242 Vgl. Böcker (1988), S. 98.

243 Vgl. Krafft (2000), S. 55.

#### 4.1.1.4 Instrumente zur Erfolgsbewertung

Generell kann eine kurzfristige Erfolgsbewertung durch einen Soll-Ist Vergleich (i.d.R. mit quantitativen Größen) oder Abweichungsanalysen erfolgen.[244] Es gibt jedoch auch Verfahren, die qualitative Größen als Beurteilungskriterien miteinbeziehen.[245] So werden beispielsweise Marketing-Audits zur qualitativen Kontrolle herangezogen[246], denn neben den ökonomischen Kontrollgrößen wie Umsatz und Gewinn, können auch Kundenzufriedenheit, -bindung und -wert einen große Rolle spielen.[247]

Kotler et al. definieren Marketing-Audit[248] als

> „[...] *a comprehensive, systematic, independent, and periodic examination of a company's, - business unit's - marketing environment, objectives, strategies, and activities with a view of determining problem areas and opportunities and recommending a plan of action to improve the company's marketing performance.*"[249]

Es kann zwischen vier Perspektiven des Marketing-Audits unterschieden werden:

- **Marketing-Umwelt-Audit**
  Identifizierung von Chancen und Risiken z.B. durch Analyse demographischer und politischer Entwicklungen, Marktsituation, Kunden, Konkurrenten etc.
- **Marketing-Strategie-Audit**
  Untersuchung der Marketing Strategie hinsichtlich Unternehmens- und Marketingzielen
- **Marketing-Organisations-Audit**
  Analyse der Organisationsstruktur und der Arbeitseffizienz
- **Marketing-System-Audit**
  Betrachtung und Bewertung des Informations-, Planungs- und Kontrollsystems[250]

Bei der Wirtschaftlichkeitsüberprüfung werden einzelne, oft interdependente, Ist- und Planwerte verglichen. Dabei sollten auch unvorhersehbare Aspekte (z.B. Wechselkursverschiebungen, behördliche Eingriffe, Substitutions-Produkte oder -Verfahren, Wegfall

[244] Vgl. Auerbach (1994), S. 46.

[245] Vgl. Friese (1998), S. 105 f.

[246] Vgl. Böcker (1988), S. 186.

[247] Vgl. Esch et al. (2008), S. 392.

[248] 'Audit' = engl. für Buchprüfung, Revision.

[249] Kotler et al. (1977), S. 27.

[250] Vgl. Kuß/Tomczak (2002), S. 267.

von Lieferanten) miteinbezogen werden.[251] Durch eine Wirtschaftlichkeitsanalyse können auch Planabweichungen, die durch systematische Fehler entstanden sind, entdeckt und in Zukunft unterbunden werden.

Bei der Erfolgsbewertung sollten idealerweise auch exogene und endogene Effekte beachtet werden. Exogene Effekte wirken auf dem Markt und sind nicht unmittelbar vom Unternehmen beeinflussbar, während endogene Effekte Einflüsse darstellen, die auf Kunden- und Konkurrenzreaktionen basieren, die vom Unternehmen ausgelöst werden.[252]

### 4.1.2 Grundlagen des Marketing-Accounting

Das Marketing-Accounting ist ein Bestandteil des Marketingcontrollings und stellt die Schnittstelle zwischen betrieblichem Rechnungswesen und Marketing dar. Hier werden Daten aus dem internen Rechnungswesen bereitgestellt, erfasst und ausgewertet.[253] Die Verbindung zwischen Marketing und Rechnungswesen wird v.a. dazu verwendet, Informationen, die eine Relevanz bei Marketingentscheidungen und der Kontrolle spielen, aufzubereiten, zu strukturieren und zu nutzen.[254] Dabei liegt der Fokus auf dem Einsatz der Kosten- und Erlösrechnung, die jedoch an die benötigten Planungs-, Auswertungs- und Kontrollgrößen angepasst werden muss.[255]

Das Marketing-Accounting kann kurz-, mittel- und langfristig und für unterschiedliche Entscheidungs-, bzw. Bezugsobjekte eingesetzt werden. Das Bezugsobjekt steht im Mittelpunkt der Untersuchung und kann z.B. eine Maßnahme, ein Tatbestand, ein Vorgang oder ein reales, materielles Objekt sein.[256]

Das Rechnungswesen besitzt Schwachstellen, was die Beurteilung der marketingspezifischen Bezugsobjekte (u.a. Absatzobjekte, Marktsegmente, Marketing-Mix-Maßnahmen) betrifft. So werden bspw. durch die produktionswirtschaftliche Sichtweise Kosten i.d.R. kaum differenziert und an die Relevanz für das Marketing angepasst.
Außerdem stellt die Fokussierung auf interne Einfluss- und Erfolgsgrößen einen weiteren Nachteil des Rechnungswesens dar.[257]

---

[251] Vgl. Hiller/Kinkel (2006), S. 196 f.

[252] Vgl. Esch et al. (2008), S. 391.

[253] Vgl. Link et al. (2000), S. 203 ff.

[254] Vgl. Reckenfelderbäumer (1995), S. 4.

[255] Vgl. Palloks (1991), S. 232.

[256] Vgl. Riebel (1994), S. 450.

[257] Vgl. Link et al. (2000), S. 211 f.

### 4.1.3 Kennzahlen für Effizienz und Effektivität

Unter Kennzahlen werden quantitativ erfassbare Sachverhalte in konzentrierter Form verstanden.[258] Gute Kennzahlen zeichnen sich dabei durch eine hohe Erklärungs-, Prognosekraft, Bewertungs- und Vorgabeeignung aus.[259]
Kennzahlen lassen sich bei der Betrachtung nach drei Perspektiven unterscheiden:

- **Mathematisch-logische Perspektive**
  Unterscheidung zwischen absoluten Zahlen (Bestands-/ Bewegungskennzahlen wie z.B. Umsatz) und relativen Zahlen (Gliederungs-/ Bezeichnungs-/Indexkennzahlen wie z.B. Umsatz pro Kunde)[260]
- **Zeitliche Perspektive**
  Kennzahlen mit Bezug zu Zeitraum (z.B. Stromgröße Gewinn) oder Zeitpunkt (z.B. Bestandsgröße Eigenkapital)
- **Inhaltliche Perspektive**
  Kategorisierung der Kennzahlen, je nachdem ob sie Angaben über Verhältnisse verschiedenen Inhalts (z.B. Gewinn pro Vertriebsregion), eine zeitliche Entwicklung (z.B. Vergleich einer Kennzahl wie Gewinn zu unterschiedlichen Zeitpunkten) oder eine Hierarchie (z.B. Aufschlüsselung in bestimmte Untergrößen wie Personal- F&E-, Vertriebskosten etc.) machen.[261]

Die wichtigsten Eigenschaften einer Kennzahl sind laut Reichmann:

- **Informationscharakter**
  Kennzahlen ermöglichen die Urteilsbildung über wichtige Sachverhalte und Zusammenhänge.
- **Quantifizierbarkeit**
  Variablen können Sachverhalte und Zusammenhänge auf einem metrischen Zahlenniveau messen, dadurch vergleichbar machen und Aussagen über unterschiedliche Sachverhalte zulassen.
- **Spezifische Form der Information**
  Kennzahlen können komplizierte Strukturen und Prozesse auf einfache Weise darstellen.

Die gemeinsamen und individuellen Ziele müssen in jeder Kooperation gegenseitig abgestimmt werden. Die Auswertung sollte alle Zielerreichungsgrade umfassen.[262]

---

258 Vgl. Meffert et al. (2008), S. 797.

259 Vgl. Reichmann (2006), S. 19 f .

260 Vgl. Homburg/Krohmer (2006), S. 1232.

261 Vgl. Meffert et al. (2008), S. 798.

262 Vgl. Huber et al. (1995), S. 147.

Marketing- und Vertriebskennzahlen können außerdem nach verschiedenen Zielinhalten unterschieden werden:

- potentialbezogen
- markterfolgsbezogen
- wirtschaftlich

Eine weitere Unterscheidung kann zwischen Kennzahlen mit Bezug auf Effektivität oder Effizienz getroffen werden. Effektivitätsbezogene Kennzahlen beziehen sich auf den Zielerreichungsgrad, während effizienzbezogene Kennzahlen ein bestimmtes Ergebnis in Beziehung zum dafür erforderlichen Aufwand setzen.[263] Synonyme für Kennzahl sind u.a. Kennziffer, Schlüsselzahl, Richtzahl, Ratio.[264]

Auf der nachfolgenden Seite ist eine mögliche Kategorisierung von Marketing- und Vertriebskennzahlen in tabellarischer Form dargestellt.

#### 4.1.3.1 Kennzahlensysteme

Da eine Kennzahl allein nur einen bestimmten Sachverhalt ausdrücken kann, und unter isolierter Betrachtung falsche Schlüsse gezogen werden können, benötigt man mehrere Kennzahlen in Form eines Kennzahlensystems, um komplexe Zusammenhänge erschließen zu können. Kennzahlensysteme werden durch eine oder mehrere Spitzenkennzahl(en), die das System effizient werden lässt, gekennzeichnet.[265]
Drei Formen von Kennzahlensystemen lassen sich grundsätzlich unterscheiden:

**Ordnungssystem**
Kennzahlen sind nicht mathematisch, sondern rein sachlogisch miteinander verknüpft. Sie sind in Gruppen eingeteilt, die durch Sachzusammenhänge aus der Betriebswirtschaft miteinander verknüpft sind. (Beispiele: Managering Control Concept oder RL-Kennzahlensystem)

**Rechensysteme**
Kennzahlen werden in erster Linie durch eine mathematische Verknüpfung auf eine Spitzenkennzahl gebracht. Kennzahlen, die keine Verbindung zueinander besitzen, werden durch sog. Hilfskennzahlen miteinander verknüpft.[266] (Beispiel: DuPont-Kennzahlensystem mit der Spitzenkennzahl RoI (Return on Investment)[267])

---

263 Vgl. Homburg/Krohmer (2006), S. 1233.

264 Vgl. ebd., S. 11.

265 Vgl. Preißler (2008), S. 17.

266 Vgl. Vgl. Preißler (2008), S. 18 f.

267 Vgl. Meffert et al. (2008), S. 799 ff.

### Mischformen

Ein Kennzahlensystem kann auch aus einer Mischform von Ordnungs- und Rechensystem bestehen. Dadurch können die Vorteile beider Systeme optimal ausgeschöpft werden. (Beispiel: ZVEI-Kennzahlensystem[268])

| Kategorisierung von Marketing- und Vertriebskennzahlen | | |
|---|---|---|
| | **Effektivität** | **Effizienz** |
| | Kategorie 1 | Kategorie 2 |
| Potentialbezogene Kennzahlen | Kundenzufriedenheit | Anzahl erzielter Kontakte/ Kosten der Werbeaktion |
| | Markenimage | Kundenzufriedenheit mit der Verkaufs-unterstützung/Kosten der V.u. |
| | Preisimage des Anbieters | Kundenzufriedenheit mit der Liefer-bereitschaft/Kosten der Vertriebslogistik |
| | Bekanntheitsgrad des Leistungsangebots | ... |
| | Lieferzuverlässigkeit | |
| | Kategorie 3 | Kategorie 4 |
| Markterfolgsbezogene Kennzahlen | Anzahl der Kundenanfragen | Anzahl der Kundenanfragen pro Autrag |
| | Anzahl der Gesamtkunden | Anzahl der Kundenbesuche pro Auftr. |
| | Anzahl der Neukunden | Anzahl der Angebote pro Auftrag |
| | Anzahl der zurückgewonnenen Kunden | ... |
| | Marktanteil eines Produkts | |
| | Am Markt erzieltes Preisniveau | |
| | Loyalität der Kunden | |
| | Kategorie 5 | Kategorie 6 |
| Wirtschaftliche Kennzahlen | Umsatz | Gewinn |
| | Umsatz bez. auf Produkt/Prod.gruppe | Umsatzrendite |
| | Umsatz bez. auf Kunden/Kundengruppe | Kundenprofitabilität |
| | Umsatz aufgrund von Sonderaktionen | Umsatz aufgrund von Rabatten/ Kosten in Form von entgangenen Erlösen |
| | Umsatz aufgrund von Aktivitäten der Direktkommunikation | ... |

**Tabelle 1:** Kategorisierung von Marketing- und Vertriebskennzahlen
Quelle: Eigene Darstellung in Anlehnung an Homburg/Krohmer (2006), S. 1234.

268 Vgl. Preißler (2008), S. 21 f.

#### 4.1.3.2 ROMI als beispielhaftes Kennzahlensystem

Aufgrund des steigenden Effizienzdrucks für Marketingmaßnahmen entstand die Kennzahl ROMI (Return on Marketing Investment). Sie basiert auf der 1919 entwickelten Spitzenkennzahl ROI (Return on Investment) des 'DuPont System of Financial Control'. Diese setzt sich aus der Multiplikation von Umsatzrentabilität und Kapitalumschlag zusammen.[269] Kürzt man den Umsatz aus der Berechnung ergibt sich diese Gleichung:

*ROI = (Gewinn / durchschnittliches Gesamtkapital)* 100%*

ROMI dient in der Praxis v.a. der Komplexitätsreduktion, unter starker Berücksichtigung des Gewinn- und Rentabilitätsziels.[270] Er wird berechnet durch:

*ROMI = Nutzen der Marketingmaßnahme / Kosten der Marketingmaßnahme*

Im Idealfall sollte diese Spitzenkennzahl unternehmensspezifisch vom Marketing-Management und nicht durch das Top-Management oder die Finanzabteilung festgelegt werden, da diese häufig rein finanzwirtschaftliche oder nicht praktikable Kontrollgrößen verwenden.[271] Der Nutzen der Marketingmaßnahme kann in einigen Fällen durch monetarisierbare Kennzahlen dargestellt werden. Oftmals werden auch Mitarbeiter um Einschätzung des Nutzens gebeten.

### 4.1.4 Ermittlungsansätze

Bei der Ermittlung relevanter Kennzahlen für Marketingkooperationen sollte darauf geachtet werden, dass die Zielsetzung durch die Kennzahlen erkennbar ist, die Kennzahlen aktuell und zukunftsorientiert sind und eine möglichst geringe Anzahl an Kennzahlen verwendet wird[272], um ein übersichtliches und einfaches Überprüfungsverfahren zu gewährleisten.

Die Auswahl der Kennzahlen hängt von der spezifischen Marketingaktivität und den definierten Zielen ab. Sie sollte gemeinsam mit den beteiligten Marketingmitarbeiter getroffen werden. Preißler empfiehlt bei der Zusammenstellung der Kennzahlen das Anlegen eines Kennzahlenbeurteilungskataloges und die exakte Definition und Dokumentation jeder Kennzahl. Dadurch können Kennzahlen, die eine hohe Relevanz und Aussagekraft besitzen, erkannt und eingesetzt werden.[273]

---

[269] Vgl. Ossola-Haring (2006), S. 99.

[270] Vgl. Reinecke (2006), S. 348.

[271] Vgl. ebd., S. 9.

[272] Vgl. Preißler (2007), S.139.

[273] Vgl. ebd., S. 6 f.

## 4.2 Effizienz und Effektivität bei Marketingkooperationen

Die Überprüfung des Erfolgs einer Marketingkooperation kann z.B. im Anschluss an die Zusammenarbeit im Hinblick auf die gesetzten Ziele erfolgen.[274] Dabei kann der Erfolg bezüglich der Effizienz und der Effektivität der Kooperation bewertet werden. In diesem Teil der Arbeit sollen in erster Linie monetarisierbare Zielgrößen untersucht werden, das bedeutet, dass eine Betrachtung aus ökonomischer Perspektive, die vor allem output- und vergangenheitsbezogen und dadurch quantitativ ist[275], vorgenommen wird.

### 4.2.1 Grundlagen der Erfolgsmessung

Zur Erfolgsmessung von Marketingaktivitäten, und im Speziellen Marketingkooperationen, bedarf es Verfahren, die die Charakteristika des Marketings miteinbeziehen. Das bedeutet, dass sie die Komplexität durch Berücksichtigung der unterschiedlichen Prozesse und Phasen aufgreifen.[276]

Die Erfolgsmessung muss immer an die jeweilige Maßnahme adaptiert werden, da die Ausgangssituation, der gewünschte Verlauf und der Erfolg stets variieren.

#### 4.2.1.1 Definition des Erfolgs einer Marketingkooperation

Bisher gibt es keine einheitliche Aussage darüber, was unter dem Erfolg einer Kooperation zu verstehen ist.[277] Jede Erfolgsbewertung ist subjektiv und hängt von der Perspektive des Bewertenden und vom Bewertungsmaßstab ab.[278]

Die Definition wird daher in jeder Zusammenarbeit durch die Festlegung spezifischer Ziele neu getroffen. Im weiteren Verlauf der Arbeit soll unter dem Erfolg einer Kooperation der Erreichungsgrad der durch die Kooperationspartner gesetzten Ziele[279], das bedeutet die Effektivität (=Output verglichen mit Zielen) und das Verhältnis zwischen Aufwand und Ertrag, das bedeutet die Effizienz der Kooperation (= Input verglichen mit Output) verstanden werden.

---

274 Vgl. Bruhn (2003), S. 120.

275 Vgl. Deike (2006), S. 47.

276 Vgl. ebd., S. 45.

277 Vgl. Friese (1998), S. 106.

278 Vgl. Büchel et al. (1997), S. 186.

279 Vgl. Deike (2006), S. 48.

#### 4.2.1.2 Herausforderungen bei der Erfolgsmessung von Marketingkooperationen

Jede Kooperation besitzt andere Erfolgsmaßstäbe in Form von Zielsetzungen. Dies und vor allem die multiplen Zielsetzungen innerhalb einer Kooperation durch die Zusammenarbeit mehrerer Unternehmen stellen eine große Herausforderung bei der Erfolgsmessung von Marketingkooperationen dar.[280]

> *„Allerdings dürfte es vielfach nicht möglich sein, den erzielten 'Kooperationserfolg' (den zusätzlichen Gewinn gegenüber den früheren isolierten Tätigkeiten) im einzelnen nachzuweisen; und ähnlich schwer ist ein Urteil darüber zu fällen, welcher Teil auf das gemeinschaftliche Zusammenwirken und welcher auf die übrige Tätigkeit des einzelnen Unternehmens zurückzuführen ist.“*[281]

Eine weitere Herausforderung in der Erfolgsmessung von Marketingkooperationen liegt in der hohen Anzahl qualitativer Erfolgsgrößen (wie Image, Bekanntheit etc.). Außerdem kann nicht immer eine direkte Zuordnung von Aufwand (Input) und Nutzen/Ertrag (Output) durchgeführt werden.

Das Ergebnis einer Marketingaktivität kann aus einer Summe von Indikatoren entstehen. Dabei können auch Umwelteinflüsse des Marktes und das Konsumentenverhalten eine Rolle spielen. Die Maßnahmen unterstützen im Idealfall die positive Entwicklung der Vermarktung von Produkten des Unternehmens.

### 4.2.2 Verfahren der Erfolgsmessung

In der Literatur gibt es unterschiedliche Ansätze zur Ermittlung des Erfolgs einer Kooperation. Ein mögliches Unterscheidungskriterium für Verfahren der Erfolgsmessung ist die Anzahl der Erfolgsgrößen, die zur Auswertung der Zusammenarbeit eingesetzt werden. Wird eine quantitative Methode gewählt, die sich auf eine Spitzenkennzahl zur Erfolgsbewertung bezieht, so handelt es sich um ein eindimensionales Verfahren.

Mehrdimensionale Verfahren basieren dagegen auf quantitativen und qualitativen Erfolgsgrößen.[282]

Eine weitere Möglichkeit zur Unterscheidung der Erfolgsmessungsverfahren besteht darin, eine Einteilung in drei Typen von Erfolgsgrößen vorzunehmen.

---

[280] Vgl. Baumgarten (1998), S. 211.

[281] Knoblich (1969), S. 513 f.

[282] Vgl. Deike (2006), S. 48.

- **Finanzielle bzw. quantitative Erfolgsgrößen**
  Viele Verfahren zur Erfolgsmessung von Marketingkooperationen basieren auf der Auswertung finanzieller bzw. quantitativer Größen, wie z.B. Umsatz, Gewinn oder Wachstum der Kooperationspartner.
- **Stabilität als Erfolgsgröße**
  Ein zweiter Typ von Verfahren konzentriert sich bei der Erfolgsmessung auf die Stabilität (bzw. Instabilität) von Kooperationen. Dies ist jedoch bei zeitlich begrenzten und kurzfristigen Zusammenarbeiten, wie es Marketingkooperationen i.d.R. sind, schwer ermittelbar.
- **Bewertung der Zielerreichung durch Management**
  Diese Verfahren basieren auf den Einschätzungen des Managements, welche Größen zur Erfolgsmessung verwendet werden sollen. Diese Form kann aber subjektive Einflüsse und somit Verzerrungen beinhalten.[283]

Alle drei genannten Ansätze können, durch die Einbeziehung von unpassenden, undifferenzierten oder rein finanziellen Erfolgskriterien, als nachteilig bezeichnet werden.[284] Daher sollte das Verfahren zur Erfolgsmessung einer Marketingkooperation im Idealfall mehrdimensional und möglichst objektiv sein. Dennoch werden anschließend einige eindimensionale Verfahren vorgestellt, um einen Überblick über die Möglichkeiten zur Erfolgsmessung zu geben.

#### 4.2.2.1 Eindimensionale Verfahren der Erfolgsmessung

Die beiden Verfahren, die nachfolgend beschrieben werden, sind in erster Linie für langfristige Kooperationen geeignet, können jedoch auch für mittelfristige eingesetzt werden.

**Periodenbezogene Ergebnisrechnung**
Dieses Verfahren basiert auf quantitativen Messgrößen, um einen Vergleich zwischen Aufwand und Ertrag innerhalb der vorangegangenen Periode abbilden zu können.[285] Die Erfolgsmessung kann nach unterschiedlichen Bewertungsobjekten wie Produkten, Unternehmensbereichen etc. aufgeteilt werden, wodurch eine Untersuchung nach Bezugsgrößen ermöglicht wird. Dies führt zu einer Unterscheidung der kostenarten-, kostenstellen- oder kostenträgerorientierten Ergebnisrechnung.[286]

Drews entwarf die Kooperationsaktivitätskostenrechnung (KAKR), die auf der Prozesskostenrechnung basiert. Hierbei werden Gemeinkosten (Kosten, die für produktüber-

---

283 Vgl. Baumgarten (1998), S. 208 f.

284 Vgl. ebd., S. 208 f.

285 Vgl. Deike (2006), S. 49.

286 Vgl. Schweitzer/Küpper (2008), S. 52.

greifende Tätigkeiten wie Marketing und Vertrieb anfallen[287]) nicht über mehr oder weniger willkürliche Zuschlagssätze, sondern anhand der tatsächlichen Inanspruchnahme von Ressourcen zugeordnet.[288] Unternehmensübergreifende, kooperationsbezogene Prozesse können durch diese Aufteilung der Gemeinkosten auf Maßnahmen und Prozesse dargestellt und transparent gemacht werden. Die Ermittlung der Kostentreiber findet für jede kooperationsbezogene Aktivität statt.[289]

**Aktivitätsbasierte Erfolgsmessung**

Eine quantitative Erfolgsmessung wird in diesem Verfahren durch einen Kosten-Nutzen-Vergleich realisiert. Eine Kooperation wird als eine Zusammensetzung von Aktivitäten und Prozessen betrachtet, die auch als Instrumente des Projektmanagements genutzt werden. Dies führt dazu, dass die Erfolgsbewertung vereinfacht wird, da jede Aktivität, ähnlich wie bei der Projektrechnung, individuell betrachtet und berechnet werden kann.[290]

Nachdem festgelegt wurde, in welche Aktivitäten die Kooperation eingeteilt werden kann, gilt es zu klären, was unter den Kosten und dem Nutzen der jeweiligen Zusammenarbeit verstanden werden soll.[291]

Der Nutzen kann als Output bezeichnet werden und in Kooperationen von qualitativer oder quantitativer Art sein. Kosten gelten als Input und sind meist monetär bewertbar.[292] Ein letztendlicher Erfolgsbeitrag ergibt sich durch den Abgleich von Nutzen und Kosten in verschiedenen Dimensionen, das bedeutet, dass auch nicht monetär bewertbare Erfolgsgrößen integriert werden. Eine Darstellung des Erfolgs in Form einer Spitzenkennzahl ist in diesem Fall jedoch nicht möglich.[293] Je nach gesetzten Zielen der Marketingkooperation kann eine Aussage über die Effizienz getroffen werden.

Die aktivitätsbasierte Erfolgsmessung lässt eine Einbindung von quantitativen und qualitativen Erfolgsgrößen zu, wodurch eine Überprüfung von Formal- und Sachzielen erfolgen kann. Der Fokus liegt jedoch auf den quantitativen, d.h. monetären Erfolgsgrößen.

Nachteilig ist, dass dieses Verfahren einer guten und detaillierten Planung (z.B. bei der Einteilung der Aktivitäten und den Zielsetzungen der einzelnen Prozesse) und eines

---

287 Vgl. Homburg/Krohmer (2006), S. 1221.

288 Vgl. ebd., S. 1226.

289 Vgl. Deike (2006), S. 52.

290 Vgl. ebd., S. 60 f.

291 Vgl. ebd., S. 61 f.

292 Vgl. ebd., S. 62.

293 Vgl. Deike (2006), S. 62 f.

hohen Entwicklungsaufwandes bedarf. Weitere Nachteile sind, dass Kosten und Nutzen der Kooperationspartner nicht berücksichtigt werden und keine Verknüpfung der einzelnen Prozesse und Aktivitäten dargestellt werden kann. Dies führt zu einer lückenhaften Abbildung der Marketingkooperation.[294]

#### 4.2.2.2 Mehrdimensionale Verfahren der Erfolgsmessung

Eindimensionale Verfahren machen i.d.R. dann Sinn, wenn quantitative Zielgrößen im Vordergrund stehen. Falls jedoch eine starke Integration nicht monetär bewertbarer Erfolgsgrößen stattfinden soll, sind mehrdimensionale Verfahren empfehlenswert.

**Nutzwertanalyse**

Ein mehrdimensionales Verfahren der Erfolgsmessung ist die Nutzwertanalyse. Sie wurde von Lützig zur Erfolgsmessung von Kooperationen eingesetzt und bestimmt den Erfolg durch Zusammensetzung verschiedener Zielerreichungsgrade.[295]

> *„Das zentrale Problem besteht nun darin, die Güte einer Kooperation, die dem Nutzen der Kooperation für die einzelne Unternehmung entspricht, in einem numerischen Gesamturteil auszudrücken und das Zustandekommen der Güte aus einzelnen Nutzbeiträgen sichtbar zu machen. In diesem Gesamturteil müssen alle wesentlichen – und damit dimensionsverschiedenen – Einflussfaktoren einer Kooperation ihren Niederschlag finden."*[296]

Die Nutzwertanalyse bezieht explizit qualitative Erfolgsgrößen mit in die Bewertung ein. Bei der Durchführung werden zwei Stufen durchlaufen:
Zunächst gilt es alle Teilziele und deren relative Bedeutung (Gewichtung) zueinander zu klären und eine anschließende Operationalisierung der Ziele durch Kennzahlen durchzuführen.
Im Anschluss werden die einzelnen Zielerreichungsgrad anhand von Skalen ermittelt. Dabei können nominale[297], ordinale[298] und kardinale[299] Maßskalen verwendet werden. Durch eine spezifische Transformationsfunktion werden die Zielerreichungsgrade in einen 'dimensionslosen' Teilnutzen umgewandelt. Diese werden anschließend unterschiedlich gewichtet und zu einem Gesamtnutzen summiert.[300] Die letztendliche Erfolgsmessung findet durch einen Soll-Ist-Vergleich des Gesamtnutzens statt.

[294] Vgl. ebd., S.63 f.

[295] Vgl. Wohlgemuth (2002), S. 177 f.

[296] Lützig (1982), S. 10.

[297] Klassifizierung.

[298] Rangordnung ohne Höhe der Unterschiede.

[299] Rangordnung mit Höhe der Unterschiede.

[300] Vgl. Drews (2001), S. 146 f.

Neben der Integration qualitativer Größen liegt der Vorteil der Nutzwertanalyse v.a. in der Anpassungsfähigkeit an unterschiedliche Kooperationen. Es ist jedoch in der Praxis nicht leicht umsetzbar, für alle Teilziele einen Maximalwert zu bestimmen und die Teilnutzen zu gewichten.[301]

**Balanced Score Card (BSC)**

Ein weiteres mehrdimensionales Verfahren zur Erfolgsmessung ist die Balanced Score Card (BSC). Sie soll einen 'ausgewogenen Berichtsbogen' schaffen, der zur Umsetzung operativer Ziele und Maßnahmen in die Unternehmensstrategie führt. Die Ausgewogenheit wird dabei durch die Verbindung von lang- und kurzfristigen Zielen, Spät- und Frühindikatoren sowie externen und internen Erfolgsperspektiven erzeugt.[302] Die Balanced Score Card wird in vier Perspektiven/Cluster eingeteilt:

- Kapitalgeber oder Geschäftsergebnisse[303]
- Kunden oder Markt[304]
- Geschäftsprozesse
- Mitarbeiter und Lernen

In jeder Perspektive werden die Strategie und Vision als Ziele und in Form von Kennzahlen abgebildet. Dabei beschränkt sich die Anzahl der Kennzahlen auf vier bis sieben je Perspektive.[305] Anschließend werden alle Ziele in einem Modell zur Darstellung von Ursache und Wirkung integriert. Jeder Zieldimension wird eine Messgröße zugeordnet, die einen festgelegten Zielerfüllungsgrad ausdrücken kann.[306] Die Vision stellt ein langfristiges Ziel dar, das auf die vier Perspektiven heruntergebrochen werden kann[307], indem alle im top-down-Verfahren durchlaufen und im Anschluss eine gegenläufige Zielkette erstellt wird.[308]

301 Vgl. Deike (2006), S. 67.

302 Vgl. Preißler (2008), S. 59.

303 Vgl. Thomaschewski (2000), S. 48.

304 Vgl. ebd., S. 48.

305 Vgl. Breyer-Mayländer (2004), S. 99.

306 Vgl. Thomaschewski (2000), S. 48.

307 Vgl. Preißler (2008), S. 60.

308 Vgl. Breyer-Mayländer (2004), S. 100.

| Perspektive | Kapitalgeber/ Geschäfts- ergebnisse | Kunden/ Markt | Geschäfts- prozesse | Mitarbeiter Lernen |
|---|---|---|---|---|
| Zieler- reichung | (-) (+) (0) | (-) (+) (0) | (-) (+) (0) | (-) (+) (0) |
| Erfolgsfaktor | Umsatz<br>Kosten<br>Ergebnis | Marktdurch- dringung<br>Kunden- bindung | Effizienz der Vertriebs- wege<br>Informatik- kosten | Mitarbeiter- motivation<br>Mitarbeiter- qualifikation |

**Abbildung 22:** Erfolgsfaktoren der Balanced Score Card
Quelle: Eigene Darstellung in Anlehnung an Thomaschewski (2000), S. 48.

#### 4.2.2.3 Erfolgsmessung nach Schaan, Anderson und Tröndle

Schaan legt zur Erfolgsmessung die Kombination mehrerer Kriterien, die zur jeweiligen Kooperation passen, nahe. Für jedes Kriterium wird ein spezieller Zielerreichungsgrad ermittelt und eine unternehmensspezifische Gewichtung durchgeführt, sodass ein Index ermittelt werden kann, der Angaben zum Erfolg der Kooperation zulässt.[309] Dieses Verfahren ist vergleichbar mit der Nutzwertanalyse nach Lützig.
In der Praxis lassen sich jedoch die einzelnen Erfolgskriterien und die selbständige Einteilung der Gewichtung nur schwer vornehmen, wodurch die Anwendbarkeit dieses Konzeptes eingeschränkt wird.[310]

Anderson entwickelte daher ein weiteres Erfolgsmessungskonzept, das auf der Kombination quantitativer und qualitativer Erfolgskriterien in einem Input-Output-Kontinuum basiert.[311] Dieses wurde speziell zur Bewertung der Erfolge von Joint Ventures entwickelt, kann aber auch für andere Marketingkooperationen eingesetzt werden.[312]
Anderson unterscheidet in seinem Kontinuum zum Einen Output-Kriterien als Indikatoren des Erfolgs und zum Anderen Input-Kriterien als Determinanten des Erfolgs einer Kooperation.[313] Er verknüpft die Einordnung von Input und Output gleichzeitig mit einer lang- und einer kurzfristigen Orientierung.[314] Als Indikatoren für den Erfolg einer

[309] Vgl. Schaan (1987), S. 127 ff.

[310] Vgl. Baumgarten (1998), S. 209.

[311] Vgl. Anderson (1990), S. 21 ff.

[312] Vgl. Friese (1998), S. 108 f.

[313] Vgl. Anderson (1990), S. 21 ff.

[314] Vgl. Baumgarten (1998), S. 209.

Kooperation werden z.B. finanzielle oder marketingbezogene Erfolgsgrößen verwendet. Diese beschreiben in erster Linie die gegenwärtige Situation und eignen sich dadurch für eine kurzfristige Orientierung.

Die Inputgrößen, d.h. Leistungen, die von den Kooperationspartnern erbracht werden, determinieren durch ihren langfristigen Charakter den Erfolg der Zusammenarbeit. Anderson stellt als Input z.B. Harmonie zwischen den Partnern, Zugang zu finanziellen Ressourcen etc. auf.[315]

In der Praxis kann es jedoch zu Vermischungen dieser beiden Elemente kommen, da teilweise eine klare Zuordnung nicht möglich ist, bzw. von der subjektiven Entscheidung des Verantwortlichen abhängt. Ein Beispiel wäre die Mitarbeiterzufriedenheit, die sowohl Indikator als auch Determinante des Erfolgs einer Unternehmung sein kann.[316]

**Abbildung 23:** Input-Output Kontinuum nach Anderson
Quelle: Eigene Darstellung in Anlehnung an Anderson (1990), S.22.

Zur spezifischen Auswertung von Joint Ventures erstellte Anderson eine Matrix, bei der auf einer Achse die Transparenz des Transformationsprozesses, d.h. Angaben darüber wie gut die Änderung von Input in Output nachvollzogen werden kann, und auf der anderen Achse die Einschätzungen des Outputs dargestellt wird.[317]

[315] Vgl. ebd., S. 209 f.

[316] Vgl. Anderson (1990), S. 21.

[317] Vgl. ebd., S. 24.

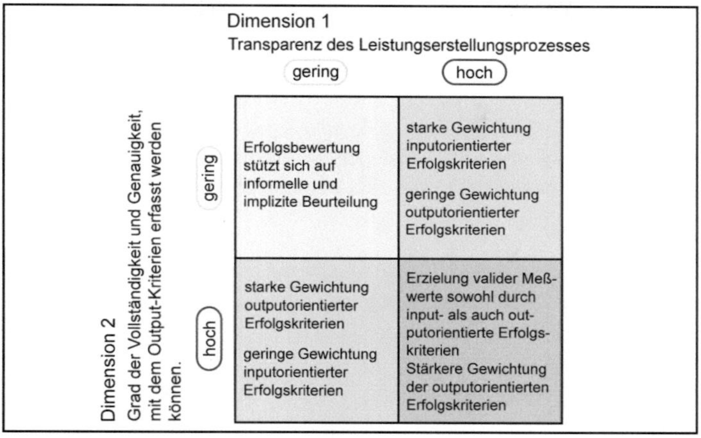


**Abbildung 24:** Matrix zur Gewichtung und Auswahl von Input- und Output-Kriterien
Quelle: Eigene Darstellung in Anlehnung an Anderson (1990), S.24.

Tröndle gibt in einem weiteren Ansatz zur Messung der Zielerreichung das Heranziehen von Indikatoren wie Schnelligkeit und Qualität der Entscheidungsprozesse, Mitgliederfluktuation, Terminüberschreitungen, Anzahl und Heftigkeit von Konflikten usw. an. Auch die quantitative und qualitative Belastung kann Auskunft über den Zielerreichungsgrad geben.[318]

Zusammenfassend kann jedoch bei allen Konzepten zur Erfolgsmessung von Marketingkooperationen festgestellt werden, dass sie jeweils spezifische Vor- und Nachteile besitzen.

Da sich der Fokus dieser Arbeit auf die Ermittlung von Effizienz und Effektivität von Marketingkooperationen durch größtenteils quantitative Kennzahlen richtet, soll eine eindimensionale Musterstruktur, basierend auf kooperationsspezifischen Zielgrößen, erstellt werden. Diese Struktur soll sich im Aufbau an die aktivitätsbasierte Erfolgsmessung anlehnen, jedoch die Marketingkooperation als eine Maßnahme betrachten, die in unterschiedliche Perspektiven eingeteilt werden kann.

#### 4.2.1.4 Verfahren zur kommunikativen Wirkungsmessung

Bei Marketingkooperationen kann durch Wirkungsanalysen der kommunikative Effekt gemessen werden. Dabei können beispielsweise psychologische Zielwirkungen, die sich oftmals mittel- bis langfristig auswirken, durch unterschiedliche Verfahren bei

[318] Vgl. Tröndle (1987), S. 61 f.

Kunden ermittelt werden.[319] Die Ermittlung der kommunikativen Wirkung kann zu unterschiedlichen Zeitpunkten stattfinden. Wichtig ist die Differenzierung zwischen quantitativen und qualitativen Messungen.[320] Bruhn erläutert unterschiedliche Methoden zur Messung der kognitiven und der affektiven Reaktion sowie der momentanen und dauerhaften Wirkung. So lassen sich z.B. einmalige Messungen in Form von Befragungen, Beobachtungen und regelmäßigen Analysen, die auf Paneldaten basieren, unterscheiden. Alle genannten Formen sind Instrumente der Primärforschung.

**Befragung**

Qualitative Befragungen können bspw. Tiefeninterviews, Gruppendiskussionen oder indirekte Befragungen sein. Findet die Befragung postalisch, mündlich, telefonisch oder online, mit Hilfe eines auf Skalen basierenden Fragebogens, statt, ist sie quantitativ.[321]

**Beobachtung**

Es können generell zwei Arten der Beobachtung unterschieden werden: Zum Einen die persönliche wie z.B. Kontaktanalyse, Nutzungsbeobachtung, Inhaltsanalyse und zum Anderen die technische Beobachtung wie z.B. Eye-Tracking, Reaktionszeitmessung.

**Panel**

Paneldaten sind Stichproben, die an denselben Individuen, in mehreren 'Wellen', d.h. über einen längeren Zeitraum hinweg, erhoben werden. Anhand von fünf Merkmalen können Paneldaten geclustert werden: Zielpersonen, Erhebungszeitraum, Art der Erfassung, räumliche Verbreitung, Leistungsbezug.[322] Starke Verbreitung finden v.a. Verbraucherpanel, Handelspanel[323] oder kombinierte Verfahren wie GfK BEHAVIORSCAN.

#### 4.2.1.5 Verfahren zur ökonomischen Wirkungsmessung

Die ökonomische Wirkung einer Kooperation lässt sich bspw. durch Wirtschaftlichkeitsanalysen messen.[324] Dabei werden unter ökonomischen Wirkungskriterien zum größten Teil Erlöse und Gewinne, d.h. Deckungsbeiträge, verstanden. Diese können global, für das gesamte Unternehmen, oder unterteilt in spezifische Bezugsgrößen dargestellt werden.[325] Die Datenerfassung und -auswertung erfolgt i.d.R. durch das Rechnungswesen.

319 Vgl. Bruhn (2003), S. 120.

320 Vgl. ebd., S. 120 ff.

321 Vgl. Baumgarth (2008), S. 251.

322 Baumgarth (2008), S. 267.

323 Vgl. Baumgarth (2008), S. 268.

324 Vgl. Bruhn (2003), S. 120.

325 Vgl. Böcker (1988), S. 99 ff.

## 4.3 Musterstruktur zur Ermittlung der Effizienz und Effektivität von Marketingkooperationen

In diesem Abschnitt werden mögliche Zielgrößen in einer Übersicht zusammengefasst und beispielhafte Kennzahlen zur Operationalisierung genannt. Einige dieser Kennzahlen werden anschließend bei der Vorstellung unterschiedlicher Verfahren zur Ermittlung von Hard und Soft Facts, näher beschrieben.

Danach werden mögliche Input- und Outputkenngrößen von Marketingkooperationen zusammengestellt. Diese stellen die Basis der nachfolgenden Musterstruktur dar, die zur Überprüfung von durchgeführten Marketingkooperationen genutzt wird.

Anhand des Vergleichs zwischen Zielen und tatsächlich erreichtem Output können letztendlich Aussagen über die Effektivität der Kooperation gemacht werden. Ob die Zusammenarbeit effizient war, lässt sich durch einen Abgleich zwischen Input und Output feststellen.

### 4.3.1 Übersicht Zielgrößen und mögliche Operationalisierung

Wie in Kapitel '3.2 Typische Zielsetzungen bei Marketingkooperationen' festgehalten wurde, besitzt jede Kooperationsform spezifische Ziele, die stark variieren können. Die beteiligten Unternehmen haben ggf. unterschiedliche Ziele, die sie durch die Kooperation verfolgen.
Falls bspw. ein Co-Branding durchgeführt wird, steht i.d.R. der Markenwert (Brand Equity) und die Nutzung von Synergien im Vordergrund. In einer Vertriebskooperation wird dagegen oftmals (durch Schaffung von Mehrwerten für die Kunden und Nutzung neuer Distributionskanäle) eine Erhöhung der (Neu-)Kundenanzahl verfolgt.

Unterschiedliche Erwartungen an die Kooperation können zu einer komplexen und umfangreichen Anzahl an möglichen Zielsetzungen in einer Marketingkooperation führen. Die wichtigsten und gängigsten Zielgrößen werden in der nachfolgenden tabellarischen Übersicht zusammengestellt.

Bei der Einteilung der Zielgrößen können generell vier unterschiedliche Perspektiven, die in Anlehnung an die grundsätzliche Einteilung der Balanced Score Card gewählt wurden, beachtet werden:

- Geschäftsergebnisse/Finanzen
- Markt/Kunden
- Unternehmen/Marke
- Prozesse

Der Unterschied zwischen den genannten Perspektiven zur Einteilung der Zielgrößen bei Marketingkooperationen und den Clustern der BSC liegt darin, dass hier kein Ausblick für Potentiale zukünftiger Maßnahmen/Aktivitäten gegeben wird und eine spezielle Perspektive mit Bezug auf Unternehmen und Marke untersucht wird. Oftmals besitzen Kooperationen qualitative Zielgrößen, die insbesondere die Beeinflussung von Markenstärke, Image- oder Bekanntheitswerten umfassen.

Jede Perspektive beinhaltet unterschiedliche Zieldimensionen, die durch Kennzahlen, z.B. in Form eines Indizes, operationalisiert werden können. Dabei müssen jedoch quantitative und monetär darstellbare Zielgrößen, die in Kennzahlen, und qualitative Zielgrößen, die in Form von Indizes darstellbar sind, unterschieden werden.

Die quantitativen Kennzahlen sind u.a.:

- Umsatz
- Gewinn
- Deckungsbeitrag
- ROMI
- Marktanteil
- Kundenanzahl

Bei den qualitativen Zielgrößen handelt es sich um Kenngrößen wie z.B.:

Kundenwert
Customer Service Index (CSI)
Imagewert
Bekanntheitswert
Markenstärke

Im Idealfall sollten sich die Kooperationspartner auf wenige, spezifische Zielgrößen fokussieren und diese konsequent durch die Zusammenarbeit verfolgen.

| Übersicht Zielgrößen und mögliche Operationalisierung | | |
|---|---|---|
| **Perspektive** | **Zielgröße** | **Operationalisierung durch Kennzahlen** |
| **Geschäftsergebnisse/ Finanzen** | Umsatzwachstum | Umsatz |
| | Erhöhung Gewinn | Gewinn |
| | Optimierung Deckungsbeitrag | Deckungsbeitrag |
| | Erhöhung ROMI | ROMI |
| | ... | ... |
| **Markt/Kunden** | Erhöhung Marktanteil | Marktanteil |
| | Erhöhung Kundenanzahl | Kundenanzahl |
| | Erhöhung Neukundenanzahl | Umsatzanteil Neukunden |
| | Erhöhung Distributionsgrad | Distributionsgrad |
| | Erhöhung Share of Voice | Share of Voice |
| | Optimierung Kundenwert | Kundenwert |
| | Erhöhung Kundenzufriedenheit | CSI (Customer-Service-Index) |
| | ... | ... |
| **Unternehmen/Marke** | Steigerung Image | Index Image |
| | Steigerung Markenstärke/-wert | Markenstärke/-wert |
| | Steigerung Bekanntheit | Bekanntheitsindex |
| | ... | ... |
| **Prozesse** | Effizienzsteigerungen | Dauer Angebotserstellung |
| | Kostenminimierung | Kosten (Personal, Werbung etc.) |
| | Kurze Entwicklungszeiten | Time-to-market; first-to-market |
| | ... | ... |

**Tabelle 2:** Übersicht Zielgrößen und mögliche Operationalisierung
Quelle: Eigene Darstellung.

#### 4.3.1.1 Verfahren zur Erfolgsmessung von Hard Facts

Hard Facts sind Ziele, die in Zahlen fassbar sind, wie z.B. der Umsatz.[326] Die dafür relevanten Daten können durch unternehmensinterne oder -externe Quellen ermittelt werden.[327] Innerhalb des Unternehmens ermittelt die Marktforschung Daten mithilfe von Absatz-, Verkaufs- und Umsatzstatistiken und durch das Rechnungswesen.

Unternehmensexterne Daten und Quellen können bspw. Sein:

- Angaben über Kommunikationsmaßnahmen, wie Reichweite, Kontakte etc. (z.B. Nielsen Media Research Daten)

---

326 Vgl. Bundesverband Digitale Wirtschaft BVDW (2008).

327 Vgl. Baumgarth (2008), S. 250.

- Markenstudien u.a. zu Markenwert (von Verlagen, Marktforschungsinstituten, Werbeagenturen usw.)
- Verlagsstudien zu Zielgruppen
- Datenbanken
- Internet
- Fachliteratur und -zeitschriften[328]

Viele Medienunternehmen bieten in Kombination mit Werbeschaltungen anschließende Erfolgskontrollen an. Beim Einsatz von Online-Medien kann z.B. der Vertriebserfolg durch vielfältige Trackingmöglichkeiten einfach bestimmt werden. Die Auswertung der Besucherzahlen und Klicks kann schnell Auskunft über den Erfolg der Kooperation geben.

**Beispiel: Ermittlung der Neukundengewinnung**
Die Anzahl neuer Kunden kann bspw. über ein Bonussystem, wie PAYBACK[329] oder Happy Digits[330] einfach erkannt werden. Kunden nutzen diese Karten, um 'Punkte' zu sammeln, die sie in Prämien umtauschen können. Das Kaufverhalten mit den Angaben darüber, wann welche Produkte erworben wurden, wird dabei in einer Datenbank gespeichert. Anschließend kann mit Hilfe eines Abgleichs mit der eigenen Datenbank die Anzahl an Neukunden berechnet werden.[331]

**Beispiel: Bestimmung des Kundenwerts**
Der Kundenwert kann als ökonomischer Gesamtwert des Kunden für das Unternehmen betrachtet werden. Die Literatur liefert umfassende Informationen über Verfahren zur Ermittlung des Kundenwerts. Die bekanntesten eindimensionalen, monetären Verfahren zur Messung des Kundenwerts sind die Kundendeckungsbeitragsrechnung (KDBR)[332] und die zukunftsorientierte, wirtschaftliche Bewertung von Kunden durch die Ermittlung des Customer Lifetime Value (CLV).[333]

#### 4.3.1.2 Verfahren zur Erfolgsmessung von Soft Facts

Die sogenannten Soft Facts sind Größen wie Image und Bekanntheitsgrad. Diese können in erster Linie durch Verfahren der Primärforschung, wie z.B. Befragungen, Beobachtungen und Panels ermittelt werden.[334]

---

328 Vgl. Baumgarth (2008), S. 250.

329 PAYBACK Rabattverein e.V. (2008).

330 CAP Customer Advantage Program GmbH (2008).

331 Vgl. Meyer/Schade (2007), S. 96.

332 Vgl. Esch et al. (2008), S. 398.

333 Vgl. Homburg/Krohmer (2006), S. 1229.

334 Vgl. Baumgarth (2008), S. 251 ff.

Bei der Ermittlung der Soft Facts muss generell beachtet werden, dass sich viele Ziele nicht unmittelbar nach Beginn der Kooperation messen lassen können. So treten bspw. Imagetransfer oder Erhöhung des Bekanntheitsgrads erst nach einer längeren Zeit ein. Die Kunden müssen die Kooperation zunächst kennen lernen und 'verarbeiten'. Daher sollte die Erfolgsmessung erst nach einem gewissen Zeitraum nach Beginn der Zusammenarbeit stattfinden.

Beispiel: **Verfahren zur Imagemessung**
Im Vorfeld der Marketingkooperation sollte eine Nullmessung der Imagewerte durchgeführt werden, um einen Vergleich zwischen dem Ist-Zustand vor der und nach der Kooperation zu ermöglichen. Dies kann durch die Abfrage festgelegter Adjektive (Items) erfolgen.[335] Die Performance des Image sollte entlang vorher festgelegter Imagedefinitionen überprüft werden. Dies kann beispielsweise durch qualitative oder quantitative Kundenbefragungen geschehen.[336]

#### 4.3.1.3 Verfahren zur kombinierten Erfolgsmessung

Es gibt auch Zielgrößen, die eine Mischung aus Hard und Soft Facts darstellen. So z.B. die Kundenzufriedenheit oder die Markentreue.

Beispiel: **Verfahren zur Messung der Kundenzufriedenheit**
Die Kundenzufriedenheit gibt Auskunft über das Maß der Befriedigung der Kundenbedürfnisse. Sie stellt eine sehr wichtige Größe im Marketing dar, da zufriedene Kunden i.d.R. dem Produkt/Unternehmen treu bleiben und ggf. durch Weiterempfehlungen Neukunden werben.

Zur Messung der Kundenzufriedenheit müssen Hard und Soft Facts kombiniert werden. Die Soft Facts können durch Kundenbefragungen zu einzelnen Produkten, Maßnahmen oder zum gesamten Unternehmen ermittelt werden.[337] Bei den Hard Facts wird das Kundenverhalten analysiert, bspw. durch die Anzahl der gewonnenen/verlorenen Kunden, den Marktanteil im Vergleich zur Konkurrenz oder Wiederholungsgeschäfte.
Alle Kennzahlen zur Ermittlung der Kundenzufriedenheit werden anschließend zu einem Index zusammengefasst.[338]

335 Vgl. Drenger (2003), S. 165.

336 Vgl. Meyer/Schade (2007), S. 94.

337 Vgl. Thomaschewski (2000), S. 52.

338 Vgl. Preißler (2008), S. 269 ff.

**Beispiel: Verfahren zur Markentreuemessung**
Zur Messung der Markentreue können drei Ansätze unterschieden werden:

- **Behavioristische Ansätze**
  Sie zielen auf eine Ermittlung der real vorhandenen Markentreue ab (z.B. Kaufreihenkonzeptfolge, Marktanteils-, Markenanzahlkonzept).
- **Neobehavioristische Ansätze**
  Sie versuchen eine Erklärung für das Konsumentenverhalten zu liefern (z.B. Präferenz- und Kaufabsichtsmodell, Conversionmodell, Modell der Beziehungsqualität).
- **Kombinierte Ansätze**
  Sie verfolgen die Messung der tatsächlich nachweisbaren Markentreue und die Ermittlung von potentiellem Käuferverhalten (z.B. Zweidimensionales Konzept, Informationskonzept).

### 4.3.2 Input-Kennzahlen bei Marketingkooperationen

Der Input bei Marketingkooperationen fokussiert sich i.d.R. auf Kosten, die anhand von Marketing- und Vertriebskostenstellen aufgeschlüsselt werden können.

Bei den Kosten müssen verschiedene Kostenarten, wie z.B. Personal- und Werbekosten unterschieden werden. Diese Kosten sind in jeder Kooperation unterschiedlich[339] und Input-Kennzahlen können daher nicht generell für alle Marketingkooperation einheitlich dargestellt werden. Bei gemeinsamen Werbe- und Kommunikationsmaßnahmen wird z.B. ein Großteil der Kosten für die Kreation, Produktion, Schaltung etc. der Werbung anfallen, während gemeinsame Vermarktungs- und Abverkaufsmaßnahmen i.d.R. einen höheren Personalaufwand und Kosten zur Kreation, Produktion usw. von Give-aways erfordern.

Die Transaktionskostentheorie spielt bei der Erfassung von Inputgrößen bei Marketingkooperationen eine große Rolle. Sie basiert auf der Annahme, dass bei der Abwicklung von Transaktionen (d.h. Leistungsübertragung über eine technische Schnittstelle) Kosten entstehen. Dies sind im Wesentlichen Informations- und Kommunikationskosten, die vor einer Vereinbarung (ex ante-Transaktion) oder nach Vertragsschluss (ex post-Transaktion) anfallen können.[340] Durch zunehmende Unsicherheit, Spezifität und Häufigkeit einer Transaktion steigen die Transaktionskosten theoretisch überproportional an.[341]

---

[339] Vgl. Bentz (1983), S. 105 f.

[340] Vgl. Homburg/Krohmer (2006), S. 212.

[341] Vgl. Bruhn (2001), S. 27.

Bei der Erfolgsmessung von Kooperationen ist es daher wichtig, nicht nur die Kosten der laufenden Zusammenarbeit, sondern auch die Anbahnungs- und Koordinationskosten als weitere Transaktionskosten[342] zu berücksichtigen. Diese setzen sich i.d.R. wie folgt zusammen:

- **Anbahnungskosten**
  Kosten für Informationssuche und -beschaffung über potentielle Kooperationspartner
- **Vereinbarungskosten**
  Kosten der Intensität und zeitlichen Dauer der Abstimmungen und Vertragsinhalten
- **Kontrollkosten**
  Laufende Kosten zur Sicherung und Einhaltung der Kooperationsvereinbarungen
- **Anpassungskosten**
  Kosten der Durchführung von Änderungen innerhalb des Prozesses, bzw. der Struktur der Kooperation

Die Anpassungskosten können sich auf die Koordination, d.h. das Management der Kooperation, aber auch auf Systemanpassungen (z.B. IT) beziehen.

Der Personalaufwand ist eine der wichtigsten Input-Größen bei Marketingaktivitäten. Er umfasst nicht nur das interne Personal, sondern auch Kosten in Form von fixer Tagesvergütung oder zeitliches Involvement für die externe Betreuung durch einen Dienstleister und die Kosten für den Partner. Bei vielen Kooperationen werden einmalige oder variable Zahlungen an den Kooperationspartner mit Vertragsabschluss vereinbart.

Der eigene Personalaufwand, d.h. der Lohn der Mitarbeiter des Unternehmens, wird in Kalkulationen häufig in Form von internen Verrechnungspreisen angegeben.
Generell können Marketingaktivitäten nicht so einfach wie z.B. der Produktionsbereich auf ihre Wirtschaftlichkeit untersucht werden. Daher wird vielfach die Vertriebskostenrechnung als Grundlage für die Kosten- und Erlösrechnung im Marketing verwendet. Darin sind alle Kosten enthalten, die durch die Produktfertigung und Vermarktung, wie Werbekosten, Verkaufsförderung, Versand etc., entstehen.[343]

Neben dem finanziellen Input muss immer auch das zeitliche Involvement berücksichtigt werden. Der Aufwand zur Durchführung einer Kooperation kann sehr unterschiedlich sein und wird oftmals unterschätzt.

---

342 Vgl. Deike (2006), S. 43.

343 Vgl. Palloks (1991), S. 233.

| Übersicht möglicher Inputkenngrößen | |
|---|---|
| **Kosten-Cluster** | **Inputkenngröße** |
| **Anbahnungs- und Koordinationskosten** | Anbahnungskosten |
| | Vereinbarungskosten |
| | Kontrollkosten |
| | ... |
| **Anpassungskosten** | Prozessanpassungen & Management (Fachbereiche) |
| | Prozessanpassungen (IT) |
| | ... |
| **Finanzielle Leistungen ggü. Partner** | Fixe Vergütung für Partner |
| | Variable Vergütung für Partner |
| | ... |
| **Kosten Werbung und Kommunikation** | Kreation Werbemittel |
| | Produktion Werbemittel |
| | Logistik Werbemittel |
| | Media-Planung |
| | Schaltungkosten |
| | Portokosten für Direktwerbemittel |
| | Adressen von pot. Kunden sowie Handlingkosten |
| | ... |
| **Kosten zur Generierung von Produktmehrwerten** | Incentive |
| | ... |
| **Kosten für das Datenmanagement neuer Kunden** | Personalaufwand zur Datenerfassung und -verifizierung |
| | ... |
| **Opportunitätskosten** | Alternativkosten Personal |
| | Alternativkosten einer Vermarktung desselben Produkts in anderen Kooperationen |
| | ... |

**Tabelle 3:** Übersicht möglicher Inputkenngrößen
Quelle: Eigene Darstellung.

### 4.3.3 Output-Kennzahlen bei Marketingkooperationen

Die Output-Kennzahlen orientieren sich stark an den für die unterschiedlichen Zielgrößen festgelegten Kennzahlen. Als problematisch stellt sich die klare Zuordnung von In- und Output dar. So können z.B. Werbekosten nicht eindeutig einer Leistung zugeordnet werden. Insbesondere die Outputkenngröße Umsatz kann erst nach einer bestimmten Zeit analysiert werden.[344]

[344] Vgl. Palloks (1991), S. 233.

### 4.3.4 Musterstruktur zur Erfolgsbewertung

| Musterstruktur zur Erfolgsbewertung | |
|---|---|
| **Input** | **Output** |
| Anbahnungskosten | Umsatz |
| Vereinbarungskosten | Gewinn |
| Kontrollkosten | Deckungsbeitrag |
| ... | ROMI |
| | ... |
| | |
| Prozessanpassungen & Management (Fachbereiche) | Marktanteil |
| Prozessanpassungen (IT) | Kundenanzahl |
| ... | Neukundenanzahl |
| | Distributionsgrad |
| | Share of Voice |
| | Kundenwert |
| | Kundenkontaktfrequenz |
| | ... |
| | |
| Fixe Vergütung für Partner | Imagewerte |
| Variable Vergütung für Partner | Markenwert, -status |
| ... | Sympathiewerte |
| | Bekanntheitsgrad |
| | ... |
| | |
| Kreation Werbemittel | Dauer Angebotserstellung |
| Produktion Werbemittel | Time-to-market |
| Logistik Werbemittel | ... |
| Media-Planung | |
| Schaltungkosten | |
| Portokosten für Direktwerbemittel | |
| Adressen von pot. Kunden sowie Handlingkosten | |
| ... | |
| | |
| Produktmehrwerte (Incentive) | |
| ... | |
| | |
| Aufwand zur Datenerfassung und -verifizierung | |

**Tabelle 4:** Musterstruktur zur Erfolgsbewertung
Quelle: Eigene Darstellung.

Bei einer Vertriebspartnerschaft stehen i.d.R. finanzielle und logistische Zielgrößen im Vordergrund. Durch die gemeinsame Nutzung von Distributionskanälen kann bspw. eine Markterschließung und die Gewinnung von (Neu-)Kunden vereinfacht werden. Der Einfluss auf den Markenwert spielt dabei normalerweise eine untergeordnete Rolle.

# 5. Anwendung der Musterstruktur anhand eines Fallbeispiels

Die entworfene Musterstruktur wird in diesem Kapitel anhand eines realen, jedoch (aus Gründen der Vertraulichkeit) anonymisierten Rechenbeispiels einer Vertriebspartnerschaft zur Erfolgsmessung genutzt. Dabei werden die für das Fallbeispiel relevanten Bestandteile der Musterstruktur verwendet, um eine Auswertung der Kosten und des Nutzens der Kooperation aus Perspektive eines Kooperationspartners zu ermöglichen.

## 5.1 Fallbeispiel Vertriebspartnerschaft in Form eines Vertrags- /Abomodells

### 5.1.1 Vorstellung Fallbeispiel

Beim verwendeten Fallbeispiel handelt es sich um eine einjährige Vertriebspartnerschaft, die für den Initiator der Kooperation als Kernzielgröße die Gewinnung von Neukunden beinhaltete. Gegenstand der Kooperation war ein Vertrags- bzw. Abomodell, wie es bspw. in der Telekommunikationsbranche Standard ist. Die neuen Kunden sollten durch den Vertriebspartner einen Vertrag bzw. ein Abonnement abschließen. Die Daten wurden leicht modifiziert (d.h. gerundet).

### 5.1.2 Anwendung Musterstruktur zur Erfolgsbewertung

Bei der erstellten Musterstruktur können nun die für das Fallbeispiel relevanten Bereiche hervorgehoben und verwendet werden.

| Übersicht relevanter Bestandteile der Musterstruktur für das Fallbeispiel | |
|---|---|
| **Input** | **Output** |
| Anbahnungskosten | Umsatz |
| Vereinbarungskosten | Gewinn |
| Kontrollkosten | Deckungsbeitrag |
| | ROMI |
| Prozessanpassungen & Management (Fachbereiche) | Marktanteil |
| Prozessanpassungen (IT) | Kundenanzahl |
| | Neukundenanzahl |
| | Distributionsgrad |
| | Share of Voice |
| | Kundenwert |
| | Kundenkontaktfrequenz |
| Fixe Vergütung für Partner | Imagewerte |
| Variable Vergütung für Partner | Markenwert, -status |
| | Sympathiewerte |
| | Bekanntheitsgrad |
| Kreation Werbemittel | Dauer Angebotserstellung |
| Produktion Werbemittel | Time-to-market |
| Logistik Werbemittel | |
| Media-Planung | |
| Schaltungkosten | |
| Portokosten für Direktwerbemittel | |
| Adressen von pot. Kunden sowie Handlingkosten | |
| Produktmehrwerte (Incentive) | |
| Aufwand zur Datenerfassung und -verifizierung | |

**Tabelle 5:** Übersicht relevanter Bestandteile der Musterstruktur für das Fallbeispiel
Quelle: Eigene Darstellung.

Auf Inputseite werden für das Fallbeispiel fast alle der zusammengestellten Größen verwendet. Da jedoch weder Mediawerbung, noch Direktmarketingmaßnahmen eingesetzt wurden, können diese Inputgrößen bei der Erfolgsbewertung ausgeklammert werden. Der Output des Fallbeispiels konzentriert sich auf die Kenngröße der Neukundenanzahl.

Nun lässt sich die Struktur speziell für das Fallbeispiel darstellen. Dies geschieht, indem die einzelnen Input- und Outputgrößen detailliert aufgelistet werden.

Jede Inputgröße wird in monetärer Form angegeben. Um einen Vergleich zwischen Input- und Output anstellen zu können, muss aber auch der Output monetär abgebildet werden.

| **Fallbeispiel Vertriebspartnerschaft** | |
|---|---|
| **Input** | |
| Anbahnung & Koordination | 50.000,00 € |
| | |
| Prozessanpassungen & Management (Fachbereiche) | 50.000,00 € |
| Prozessanpassungen (IT) | 25.000,00 € |
| | |
| Fixe Vergütung für Partner | 500.000,00 € |
| Variable Vergütung für Partner | 1.500.000,00 € |
| | |
| Kreation Werbemittel | 50.000,00 € |
| Produktion Werbemittel | 50.000,00 € |
| Logistik Werbemittel | 5.000,00 € |
| | |
| Produktmehrwerte (Incentive) | 2.000.000,00 € |
| | |
| Interessentenumwandlung | 500.000,00 € |
| | |
| **Kosten** | **4.730.000,00 €** |
| | |
| **Output** | |
| Neukunden, kurzfristig | 25.000 |
| Kündiger („Incentive-Abgreifer") | 2.000 |
| Neukunden, langfristig | 23.000 |
| | |
| Angenommener Wert pro Neukunde | 250,00 € |
| | |
| **Neukunden-"Wert"** | **5.750.000,00 €** |

**Tabelle 6:** Fallbeispiel Vertriebspartnerschaft
Quelle: Eigene Darstellung.

#### 5.1.2.1 Erläuterung Inputgrößen des Fallbeispiels

**Anbahnung und Koordination**
Personalkosten und Kosten für externen Dienstleister: Herstellung Kontakt, Gespräche, Moderierende Funktion, Schnittstellenmanagement: Konzeption, Durchführung/Optimierung, Management

**Prozessanpassungen und Management (Fachbereiche)**
Keine echten Personalkosten in Form von Lohnkosten, sondern interne Verrechnungspreise. Alle Fachbereiche außer IT, das heißt Marketing/Vertrieb, aber auch Produktmanagement und Rechtsabteilung

**Prozessanpassungen (IT)**
Kosten für das Set-up, die Implementierung, aber auch für die Betreuung, Optimierung und anschließendes Tracking

**Fixe Vergütung für Partner**
In Form einer einmaligen, direkten Transferzahlung für die Etablierung der Kooperation

**Variable Vergütung für Partner**
In dieser Kooperation wurde für jeden Interessenten eine Vergütung von 60,00 € bezahlt. Das ergibt bei 25.000 Interessenten 1.500.000 €

**Kreation, Produktion und Logistik Werbemittel**
In dieser Kooperation wurde ein Flyer entwickelt.
Flyerproduktion, Druckkosten, Kosten für Distribution des Flyers an POS (an unterschiedlichen Orten, daher hoher Logistikaufwand)

**Produktmehrwerte (Incentives)**
Partner kann Mehrwerte bieten, bekommt dafür Geld. Oder es gibt ein Incentive in Form eines Gutscheins, Produktes etc.

**Interessentenumwandlung**
Kosten, die aus Erfahrung dazu nötig sind, eine Person vom Interessenten- zum Kundenstatus zu bekommen. Die Schaffung einer Kundenbeziehung und Gewinnung der Kundendaten, bspw. durch Zusenden der Unterlagen (inkl. Protokosten), rechtlicher Informationen. Hier fließen zudem die Kosten für die Einholung einer Schufa-Auskunft mit ein. In dem vorliegenden Fall wird mit 20,00 € pro Kunde gerechnet.

#### 5.1.2.2 Erläuterung Outputgrößen des Fallbeispiels

Beim Output sollte in erster Linie die Kundenanzahl ermittelt werden. Im Beispiel waren das 25.000 Interessenten, die sich für den Vertrags-/ bzw. Aboabschluss entschieden haben. Es gibt jedoch immer einige „Incentive Abgreifer", die nur kurzfristig einen Vertrag abschließen, um die angebotenen Mehrwerte zu nutzen. Diese kündigen kurz nach Erhalt des Incentives und werden daher aus der Anzahl der wirklich langfristigen Kunden abgezogen. Im Fallbeispiel handelte es sich um 2.000 'Kündiger', das bedeutet, dass letztendlich 23.000 Neukunden gewonnen werden konnten, die langfristig beim Unternehmen bleiben.

Es kann jedoch nicht vorhergesehen werden, wie lange die Kunden dem Unternehmen treu bleiben. Hier gibt es viele Möglichkeiten. Daher wird zur Vereinfachung der Auswertung ein monetärer Wert pro Neukunde angenommen, der auf Erfahrungswerten des Unternehmens basiert. Das Unternehmen im Fallbeispiel geht von einem Akquiseaufwand von 250,00 € aus, wenn ein Kunde mit den Standard-Marketingmaßnahmen geworben wird. Dieser Betrag umfasst alle Kosten, die bei einer langfristigen Bindung des Kunden entstehen und zur Erreichung des Break-Even-Point (Gewinnschwellenwert, Kritischer Punkt)[345] nötig sind.
In der Praxis bedeutet das, dass ein Kunde bspw. bei einem 2-Jahres Vertrag jeden Monat mindestens ca. 10,00 € an den Anbieter bezahlen müsste, damit Gewinn erwirtschaftet werden kann.

### 5.1.2 Erkenntnisse durch Anwendung der Musterstruktur

Der Vergleich zwischen Input in Form der Kooperationskosten und Output als angenommener Kundenwert in monetärer Form ergibt einen finanziellen Unterschied von 1.020.000,00 €. Dies bedeutet, dass durch die Kooperation Kosten in Höhe von knapp einer Million Euro eingespart werden konnten. Dadurch kann die Partnerschaft als äußerst effizient bezeichnet werden. Die Kosten zur Gewinnung eines Neukunden sind geringer, als bei 'normalen' Marketingaktivitäten.

Die gewünschte Zielgröße in Form der Neukundenanzahl wurde in der dargestellten Vertriebspartnerschaft auf 15.000 festgelegt. Mit einer tatsächlichen Neukundenanzahl von 23.000 wurden die Zielvorgaben eindeutig übertroffen. Das heißt, dass der Vergleich zwischen Ziel und Output auf eine effektive Marketingkooperation schließen lässt.

[345] Schnittpunkt zwischen Gesamtkosten und Umsatzerlösen, bei dem das Unternehmen kostendeckend arbeitet.

## 6. Fazit

Marketingkooperationen unterscheiden sich von anderen Marketingmaßnahmen vor allem darin, dass bei Planung und Umsetzung neben einem Unternehmen zusätzlich ein (oder mehrere) Partnerunternehmen mit eigenen, nicht selten abweichenden, Zielsetzungen involviert ist (bzw. sind). Für die Ermittlung von Effizienz und Effektivität solcher Kooperationen bedeutet dies einen deutlich höheren Komplexitätsgrad. Es existieren zwar eine Reihe von Ansätzen für die Bewertung einzelner Aspekte von Marketingkooperationen; ein vollständiger Bewertungsansatz für sämtliche relevanten Aspekte aus der Perspektive eines der Kooperationspartner liegt bisher jedoch nicht vor.

Basierend auf bestehenden Methoden wurde in dieser Arbeit eine strukturierte Input-Output-Bewertung für Marketingkooperationen aus Sicht eines Kooperationspartners entwickelt und anhand eines Fallbeispiels dargestellt. Die zahlreichen Zieldimensionen werden dabei jeweils anhand konkreter Kennzahlen operationalisiert. Neben dieser Operationalisierung der Zieldimensionen erfordert jede Messung von Effizienz und Effektivität auch Operationalisierungen der Input- und Output-Größen: Aufwand (Input) führt zu einem bestimmten Nutzen (Output), der idealerweise einen Beitrag zur Erreichung der Zieldimensionen leistet. Effektivität beschreibt dabei das Verhältnis zwischen Zielgröße und Output; Effizienz das Verhältnis zwischen Input und Output.

Im Fallbeispiel dieser Arbeit wird die Vorgehensweise zur Ermittlung von Effizienz und Effektivität der Marketingkooperation anhand von monetären Angaben zu Zieldimensionen, Input und Output dargestellt. Sofern bei zu bewertenden Marketingkooperationen qualitative Kennzahlen herangezogen werden, sind diese zunächst in monetäre Kennzahlen zu überführen. Angesichts der Vielzahl potenzieller qualitativer Messgrößen im Marketing, z.B. Image, Markentreue und -wert, für die bisher keine bzw. keine eindeutigen Verfahren zur Überführung in quantitative Größen existieren, stellt diese Monetarisierung die wesentliche Herausforderung bei der Erfolgsmessung dar. Die Ergebnisse der Arbeit geben jedoch einen "Rahmen" vor, in dem entsprechend monetarisierte Werte sinnvoll ausgewertet werden können.

Grundsätzlich muss festgehalten werden, dass der Erfolg einer Marketingkooperation von vielen Einflussfaktoren abhängt. Dabei besitzt jede Kooperation eigene Ausgangsparameter und wird entscheidend durch die Erwartungen und Aktivitäten der beteiligten Unternehmen geprägt. Dementsprechend muss jede Auswertung, ob die Zusammenarbeit effizient und/oder effektiv war, für jede Kooperation individuell anders ausfallen. Die Musterstruktur, die in der vorliegenden Arbeit erstellt wurde, dient als Überblick über mögliche Kennzahlen. Da das Vorgehen zur Erfolgsmessung selbst i.d.R. für alle Unternehmen identisch ist, stellt diese Musterstruktur eine sinnvolle Ergänzung zu den bisherigen einzelnen Ansätzen zur Bewertung von Marketingkooperationen dar.

## Quellenverzeichnis

2hm & Associates GmbH (2008):
http://www.perspektive-mittelstand.de/Marketing-Ingredient-Branding-als-Zutat-zur-Weltmarke/management-wissen/1845.html, Stand: 07.05.2008.

Anderson, Erin (1990):
Two Firms, One Frontier: On Assessing Joint Venture Performance; in: Sloan Management Review, Winter 1990, S. 19-30.

Anthony, Robert Newton/Dearden, John/Vancil, Richard F. (1969):
Management Control Systems. cases and readings; 8. print, Irwin: Homewood, Illinois.

Apostolopoulou, Artemisia/Papadimitriou, Dimitra (2004):
„Welcome Home“: Motivations and Objectives of the 2004 Grand National Olympic Sponsors; in: Sport Marketing Quarterly, Vol. 13 (4).

Auerbach, Heiko (1994):
Internationales Marketing-Controlling; Stuttgart: M und P, Verlag für Wissenschaft und Forschung.

Bacardi Global Brands Limited (2008):
http://www.championsdrinkresponsibly.com, Stand: 11.09.08.

Bauer, Hans H./Hammerschmidt, Maik (2003):
Marketingeffizienz durch Best Practice Analyse am Beispiel des Vertriebsbenchmarking; in: Wildemann, Horst (Hrsg.): Führungsverantwortung - Bewährte oder innovative Managementmethoden?; München: TCW, S. 483-496.

Bauer, Hans H./Hammerschmidt, Maik (2002):
Produkt-Controlling als Schnittstelle zwischen Marketing und Produktion; in: Lingnau, Volker/Schmitz, Hans (Hrsg.): Aktuelle Aspekte des Controllings; Heidelberg/New York: Physica-Verlag, S. 1-21.

Baumgarth, Carsten (2008):
Markenpolitik. Markenwirkungen – Markenführung – Markencontrolling; 3., überarb. und erw. Aufl., Wiesbaden: Gabler.

Baumgarten, Christoph (1998):
Unternehmenskooperationen. Eine Betrachtung aus Perspektive der Führung; Herrsching: Verlag Barbara Kirsch.

Belz, Christian (1989):
Konstruktives Marketing; Savosa: Auditorium.

Bentz, Stephan (1983):
Kennzahlensysteme zur Erfolgskontrolle des Verkaufs und der Marketing-Logistik. Entwicklung und Anwendung in der Konsumgüterindustrie; Frankfurt/Main: Verlag Peter Lang.

Benkenstein, Martin (1994):
Lean-Marketing – Effizienz und Flexibilität als Herausforderung für <<schlanke>> Strategien der marktorientierten Unternehmensführung; in: Bruhn, Manfred/Meffert, Heribert/Wehrle, Friedrich (Hrsg.): Marktorientierte Unternehmensführung im Umbruch; Stuttgart: Schäffer-Poeschel, S. 85-98.

Bibliographisches Institut & F. A. Brockhaus AG (2008):
http://lexikon.meyers.de/meyers/Testimonial, Stand: 11.09.2008.

Blackett, Tom/Russell, Nick (1999):
What is Co-Branding?; in: Blackett, Tom/Board, Bob (Hrsg.): Co-Branding: The Science of Alliance; London: Macmillan Press.

Bleicher, Knut (1992):
Unternehmenspolitische und unternehmenskulturelle Voraussetzungen erfolgreicher Partnerschaften; in: Zentes, Joachim (Hrsg.): Strategische Partnerschaften im Handel; Stuttgart: Poeschel.

Böcker, Franz (1988):
Marketing-Kontrolle; Stuttgart: Kohlhammer.

Bolten, Ralf (2000):
Zwischenbetriebliche Kooperation im Marketing. Methodik zur Identifikation von Kooperationschancen und -potentialen; Herdecke: GCA-Verlag.

Brauerei Beck & Co. (2008):
http://www.becks-onstage.de/festivalchallenge.html, Stand: 22.08.2008.

Brauerei Beck & Co. (2008):
http://www.beckundco.de/unternehmen/presse/fotogalerie/p_image_download.asp?id=413, Stand: 22.08.2008.

Brechelt, Detlev (2006):
Wenn Marken Allianzen nutzen; in: acquisa, 09/2007.

Breyer-Mayländer, Thomas (2004):
Einführung in das Medienmanagement. Grundlagen, Strategie,Führung, Personal; München: Oldenbourg.

Brockhoff, Klaus (1999):
Produktpolitik; 4., neubearbeitete und erw. Aufl., Stuttgart: Lucius & Lucius.

Bronder, Christoph (1993):
Kooperationsmanagement: Unternehmensdynamik durch strategische Allianzen; Frankfurt/Main: Campus.

Bruhn, Manfred (2001):
Relationship Marketing: Das Management von Kundenbeziehungen; München: Vahlen.

Bruhn, Manfred (2003):
Sponsoring. Systematische Planung und integrativer Einsatz; 4. Aufl., Wiesbaden: Gabler.

Büchel, Bettina/Prange, Christiane/Probst, Gilbert (1997):
Joint Venture-Management. Aus Kooperationen lernen; Bern: Paul Haupt.

Bundesverband Digitale Wirtschaft (BVDW):
Leitfaden – Marketing, http://www.bvdw.org/fileadmin/downloads/fachgruppen/E-Commerce/bvdw_ak_erfolgsfaktoren_leitfaden_marketing_20060711.pdf, Stand: 12.07.2008.

CAP Customer Advantage Program GmbH:
https://www.happydigits.de/hdmain/hd/sammeln/partner/index.jsf, Stand: 21.08.08.

Cdiscount.com / SGPN (2008):
http://www.cdiscount.com/pret-a-porter/chaussures /v-11316-2.html, Stand: 22.08.2008.

Cools, Kees/Roos Alexander (2005):
The Role of Alliances in Corporate Strategy; http://www.bcg.com/impact_expertise/publications /files/Alliances_in_Corporate_Strategy_Nov2005.pdf, Stand: 25.06.2008.

Deike, Antje (2006):
Erfolg von Unternehmenskooperationen. Grundlagen und Perspektiven für die Bewertung Strategischer Allianzen; Saarbrücken: Verlag Dr. Müller.

Diller, Hermann (Hrsg.) (2002):
Mehr Effizienz im Marketing; Nürnberg: GIM, Gesellschaft für Innovatives Marketing.

Drenger, Jan (2003):
Imagewirkungen von Eventmarketing. Entwicklung eines ganzheitlichen Messansatzes; 2., akt. Aufl., Wiesbaden: Deutscher Universitäts-Verlag.

Drews, Hanno (2001):
Instrumente des Kooperationscontrolling. Anpassung bedeutender Controllingsinstrumente an die Anforderungen des Managements von Unternehmenskooperationen; Wiesbaden: Deutscher Universitäts-Verlag.

Duden Band 5 Fremdwörterbuch (2001), 7., neu bearbeitete und erw. Aufl., Mannheim: Dudenverlag.

Esch, Franz-Rudolf/Herrmann, Andreas/Sattler, Henrik (2008):
Marketing. Eine managementorientiertenEinführung; 2., überarb. Aufl., München: Vahlen.

Ewenstein, Susanne (2007):
International Glossary on Marketing Co-operations; http://www.mesh-box.com/?p=215, Stand: 07.07.2008.

FC Bayern (2008):
http://www.fcbayern.t-com.de/media/native/fan-banking/pp_fcb_mastercard_0408_clarima.pdf, Stand: 26.07.2008.

Friese, Marion (1998):
Kooperation als Wettbewerbsstrategie für Dienstleistungsunternehmen; Wiesbaden: Deutscher Universitäts-Verlag.

Fuchs, Marius (1999):
Projektmanagement für Kooperationen. Eine integrative Methodik; Bern: Haupt.

Gardner, Meryl P./Shuman Philip (1988):
Sponsorships and small businesses; in: Journal of Small Business Management, Vol. 26.

Gutknecht, Klaus (2007):
Unternehmensübergreifende Marketing-Kooperationen – Der Weg zum innovativen Added-Value; in: Kreutzer, Ralf T./Merkle, Wolfgang (Hrsg.): Die neue Macht des Marketing; Wiesbaden: Gabler/DDV.

Hellfeier, Michael (1999):
Strategische Allianzen. Ein wertorientiertes Strategiekonzept zur Steigerung der Performance einer Unternehmung; Dissertation Universität Zürich.

Hiller, Florian/Kinkel, Philipp (2006):
Projekt-Marketing-Controlling; in: Zerres, Christopher/Zerres, Michael P. (Hrsg.): Handbuch Marketing-Controlling; 3., überarb. Aufl., Berlin: Springer.

Himmel, Wolfgang (2002):
Co-Branding – eine neue Strategie in der Markenführung?; in: Drees, N., Erfurter Hefte zum angewandten Marketing, Heft 12, Kooperationen im Marketing, Erfurt: Fachhochschule Erfurt.

Hirschmann, Petra (1998):
Kooperative Gestaltung unternehmensübergreifender Geschäftsprozesse; Wiesbaden: Gabler.

Hoffmann, Michael (2007):
"Rock on" mit Beck's: Internationale Premium-Marke weitet im Sommer 2007 vielfältiges Musik-Engagement weiter aus; http://www.presseportal.de/pm/52147/997074/inbev_brauerei_beck_co, Stand: 07.07.2008.

Homburg, Christian/Krohmer, Harley (2006):
Marketingmanagement: Strategie – Instrumente – Umsetzung – Unternehmensführung; 2., überarb. und erw. Aufl., Wiesbaden: Gabler.

Horizont (2008):
Ritter Sport Ramazzotti, 20.02.2008, http://www.horizont.net/kreation/tv/pages/protected/show.php?id=678, Stand: 20.07.2008.

Huber, Andreas/Thun, Simon (2007):
Marktorientiertes Wachstum durch Marketingkooperationen; in: marketingjournal, 6/2007, S. 44-47.

Huber, Charles/Plüss, Adrian/Schöne, Roland/Freitag, Matthias (Hrsg.) (1995):
Kooperationsnetze der Wirtschaft. Einführung – Bausteine – Fallbeispiele; Zürich: vdf.

Huber, Jan-Alexander (2005):
Co-Branding als Strategieoption der Markenpolitik. Kaufverhalten bei Co-Brand-Produkten und negative Rückwirkungseffekte auf die Muttermarken; Wiesbaden: Deutscher Universitäts-Verlag.

Iristay, Cengiz K. (2007):
Das Management von Unternehmenskooperationen: eine institutsökonomische Analyse; Aachen: Shaker.

Kang, Nam-Hoon/Sakai Kentaro (2000):
International Strategic Alliances: Their role in industrial globalisation; STI Working Paper 2000/5, Organization for Economic Cooperation and Development, Paris: OECD.

Kaufmann, Friedrich (1993):
Internationalisierung durch Kooperation. Strategien für mittelständische Unternehmen; Wiesbaden: Deutscher Universitäts-Verlag.

Keller, Kevin Lane (2003):
Strategic Brand Management. Building, Measuring and Managing Brand Equity; 2. Aufl., New York: Prentice Hall.

Kieser, Alfred/Kubicek, Herbert (1992):
Organisation; 3., völlig neu bearbeitete Aufl., Berlin: de Gruyter.

Kieser, Alfred/Walgenbach, Peter (2007):
Organisation; 5., überarb. Aufl., Stuttgart: Schäffer-Poeschel.

Kiesow, Pamela (2006):
Co-Branding. Ziele, Chancen und Nutzen von Markenallianzen; Saarbrücken: VDM.

Knoblich, Hans (1969):
Zwischenbetriebliche Kooperation; in: ZfB, Jahrgang 39, S. 497-514.

Köhler, Richard (1998):
Marketing-Controlling: Konzepte und Methoden; in: Reinecke, Sven/ Tomczak, Torsten/ Dittrich, Sabine (Hrsg.): Marketingcontrolling; St. Gallen: THEXIS.

Kotler, Philip/Bliemel, Friedhelm (1999):
Marketing-Management. Analyse, Planung, Umsetzung und Steuerung; 9., überarb. und erw. Aufl., Stuttgart: Schaeffer-Poeschel.

Kotler, Philip/Gregor, Wiliam/Rogers, Wiliam (1977):
The Marketing Audit Comes Of Age; in: Sloan Management Review, 21. Jg., S. 25-43.

Krafft, Manfred (2000):
Vertriebscontrolling – Status quo und Anforderungen an moderne Systeme; in: Männel, Wolfgang/Weber, Jürgen (Hrsg.): Kosten-Rechnungs-Praxis (krp), Marketing-Controlling, Sonderheft 3/2000; Wiesbaden: Gabler.

Kreutzer, Ralf (2006):
Praxisorientiertes Marketing. Grundlagen – Instrumente – Fallbeispiele; Wiesbaden: Gabler.

Kunze, Florian Hendrik (2002):
Horizontale Markenkooperation in der Marketing-Kommunikation – Grundlagen, Entscheidungsprozess, Beispiele und Checkliste; in: Drees, N., Erfurter Hefte zum angewandten Marketing, Heft 12, Kooperationen im Marketing, Erfurt: Fachhochschule Erfurt.

Kuß, Alfred/Tomczak, Torsten (2002):
Marketingplanung. Einführung in die marktorientierte Unternehmens- und Geschäftsfeldplanung; 3., überarb. Aufl., Wiesbaden: Gabler.

Lasslop, Ingo (2003):
Effektivität und Effizienz von Marketing-Events. Wirkungstheoretische Analyse und empirische Befunde; Wiesbaden: Gabler.

Link, Jörg/Gerth, Norbert/Voßbeck, Eckart (2000):
Marketing-Controlling; München: Vahlen.

Lufthansa Miles & More (2008):
http://www.miles-and-more.com/online/portal/mam/de/programm/member_and_credit_cards?l=de&nodeid=488715&cid=18002, Stand: 26.07.2008.

Lützig, Wolf-Peter (1982):
Die vieldimensionale Kalkulation der Kooperation; Berlin, Freie Universität, Dissertation.

Mayerhöfer, Alexander (2006):
Riskante Liebschaften; in: Capital; 19.01.2006, S. 66 ff.

Meffert, Heribert/Burmann, Christoph/Kirchgeorg, Manfred (2008):
Marketing. Grundlagen marktorientierter Unternehmensführung. Konzepte – Instrumente – Praxisbeispiele; 10., vollständig überarb. und erw. Aufl., Wiesbaden: Gabler.

Mengele, Jürgen (1994):
Horizontale Kooperation als Markteintrittsstrategie im internationalen Marketing; Wiesbaden: Deutscher Universitäts-Verlag.

Meyer, Tobias/Schade, Michael (2007):
Cross-Marketing – Allianzen, die stark machen. Mit Partnern schneller erfolgreich werden; Göttingen: Business Village.

Möller, Wolf-Peter (1983):
Der Erfolg von Unternehmenszusammenschlüssen. Eine empirische Untersuchung; München: Minerva-Publikation.

Nachtwey, Eckard (2007):
Im Gespräch; in: Meyer, Tobias/Schade, Michael (Hrsg.): Cross-Marketing – Allianzen, die stark machen. Mit Partnern schneller erfolgreich werden; Göttingen: Business Village.

Neises, Bettina (2007):
Wenn Marken flirten; in: Horizont, 48/2007, S. 11.

Nestlé Schöller GmbH und Co. KG (2008):
http://www.schoeller.de/Specials/Teaserpages/Moevenpick.htm, Stand: 12.08.2008.

Noshokaty, Döring & Thun (2007):
„Marktorientiertes Wachstum durch Marketingkooperationen“; Berlin: Juli 2007.

Ohlwein, Martin/Schiele, Thomas P. (1994):
Co-Branding; in: WiSt, 23. Jahrgang, Heft 11/November.

Ossola-Haring, Claudia (2006):
Handbuch Kennzahlen zur Unternehmensführung. Kennzahlen richtig verstehen, verknüpfen und interpretieren; 3., aktualisierte und erw. Aufl., Landsberg: mi-Fachverlag.

Palloks, Monika (1991):
Marketing-Controlling; Reichmann, Thomas (Hrsg.): Schriften zum Controlling; Frankfurt/Main: Peter Lang.

PAYBACK Rabattverein e.V.:
München: Brugger, Bernhard/Mescoli, Marco/Lukner, Walter/Mandel, Manfred (Vorstand); http://www.payback.de/pb/id/68458/index.html, Stand: 21.08.08.

Porter, Michael E. (1999):
Wettbewerbsvorteile: Spitzenleistungen erreichen und behaupten; 5., durchges. und erw. Aufl.; Frankfurt: Campus.

Preißler, Peter R. (2007):
Controlling; 13., vollständig überarb. und erw. Aufl.; München: Oldenbourg.

Preißler, Peter R. (2008):
Betriebswirtschaftliche Kennzahlen. Formeln, Aussagekraft, Sollwerte, Ermittlungsintervalle; München: Oldenbourg.

Preißner, Andreas (1999):
Marketing-Controlling; 2., erg. Aufl., München: Oldenbourg.

Priemer, Verena (1999):
Bundling. Eine Marktingstrategie mit Durchschlagskraft; in: absatzwirtschaft, Nr. 07, 10.07.1999, S. 62 ff.

Reckenfelderbäumer, Martin (1995):
Marketing-Accounting im Dienstleistungsbereich. Konzeption eines prozesskostengestützten Instrumentariums; Wiesbaden: Gabler.

Reckitt Benckiser Deutschland GmbH (2008):
http://www.calgon.de/protection.php, Stand: 09.09.2008.

Reichmann, Thomas (1995):
Controlling mit Kennzahlen und Managementberichten: Grundlagen einer systemgestützten Controlling-Konzeption; 4., überarb. u. erw. Aufl., München: Vahlen.

Reichmann, Thomas (2006):
Controlling mit Kennzahlen und Management-Tools. Die systemgestützte Controlling-Konzeption; 7., überarb. u. erw. Aufl., München: Vahlen.

Reinecke, Sven (2006):
Return on Marketing?; in: Reinecke, Sven/Tomczak, Torsten (Hrsg.): Handbuch Marketing Controlling; 2. Aufl., Wiesbaden: Gabler.

Reinecke, Sven/Janz, Simone (2007):
Marketingcontrolling. Sicherstellen von Marketingeffektivität und -effizienz; Stuttgart: Kohlhammer.

Reinhart, Gunther/Schnauber, Herbert (Hrsg.) (1997):
Kooperation. Interne und externe Kunden-Lieferanten-Beziehungen; Heidelberg: Springer-Verlag.

Reppner, Markus (2008):
Komplettangebot verkürzt die Einführungszeiten „Fast Start bringt Kostentransparenz"; in: Computer Zeitung, Heft 24, S. 13.

Riebel, Paul (1994):
Einzelkosten- und Deckungsbeitragsrechung. Grundfragen einer markt- und entscheidungsorientierten Unternehmensrechung; 7., überarb. u. wesentl. erw. Aufl., Wiesbaden: Gabler.

Robinson Club GmbH (2008):
http://www.robinson.de/clubs/winter/club-esquinzo-playa/events-termine/nivea-beauty-week/, Stand: 22.08.2008.

Rotering, Joachim (1993):
Zwischenbetriebliche Kooperation als alternative Organisationsform - ein transaktionskostentheoretischer Erklärungsansatz; Stuttgart: Schäffer-Poeschel.

Rupprecht-Däullary, Marita (1994):
Zwischenbetriebliche Kooperation; Wiesbaden: Deutscher Universitäts-Verlag.

Schaan, Jean-Louis (1987):
International Joint Venture Success Measurement: Mexican Evidence; in: Van Den Bulcke, Daniel, Multinational Enterprises and Developing Countries: A Changing Relationship?; Proceedings of the 13th Annual Meeting of EIBA Antwerp.

Schmoll, G.A. (2001):
Kooperationen, Joint Ventures, Allianzen: Mit Auslandspartnern Wettbewerbs- und Marktvorteile erzielen; Köln: Deutscher Wirtschaftsdienst.

Schnoedt, Eike (1994):
Kooperation im Distributionskanal. Eine Analyse interorganisatorischer Kooperationspotentiale und -hemmnisse in der Konsumgüterdistribution; Dissertation Universität Erlangen-Nürnberg.

Schögel, Marcus (2006):
Kooperationsfähigkeiten im Marketing. Eine empirische Untersuchung; Wiesbaden: DUV und Gabler.

Schwamborn, Susanne (1994):
Strategische Allianten im internationalen Marketing. Planung und portfolioanalytische Beurteilung; Wiesbaden: Deutscher Universitäts-Verlag.

Schweitzer, Marcell/Küpper, Hans-Ulrich (2008):
Systeme der Kosten- und Erlösrechung; 9., überarb. und erw. Aufl., München: Vahlen.

Staat, M./Bauer, Hans H./Hammerschmidt, Maik (2002):
Structuring Product-Markets. An Approach Based on Customer Value, in: AMA Winter Educators' Conference Proceedings, Vol. 13, 2002, Chicago: American Marketing Association, S. 205-212.

Tchibo direct GmbH (2008):
http://www.tchibo.de/is-bin/INTERSHOP.enfinity/eCS/Store/de/-/EUR/TdTchShowTemplate-ShowIt?TemplateId=%2Ffinance%2Ftch_de_static_finance_comdirect, Stand: 19.08.2008.

Theurl, Theresia (2001):
Die Kooperation von Unternehmen: Facette der Dynamik; in: Ahlert, Dieter (Hrsg.):Handbuch Franchising & Cooperation. Das Management kooperativer Unternehmensnetzwerke; Neuwied, Kriftel: Luchterhand Verlag.

Thomaschewski, Dieter (2000):
Die Balanced Scorecard als Instrument des Marketing-Controlling; in: Männel, Wolfgang/Weber, Jürgen (Hrsg.): Kosten-Rechnungs-Praxis (krp), Marketing-Controlling, Sonderheft 3/2000; Wiesbaden: Gabler.

Thun, Simon (2007):
Im Gespräch; in: Meyer, Tobias/Schade, Michael (Hrsg.): Cross-Marketing – Allianzen, die stark machen. Mit Partnern schneller erfolgreich werden; Göttingen: Business Village.

Tröndle, Dirk (1987):
Kooperationsmanagement: Steuerung interaktioneller Prozesse bei Unternehmenskooperationen; Bergisch Gladbach: Josef Eul.

Trumpp, Andreas (1995):
Kooperation unter asymmetrischer Information: eine Verbindung von Prinzipal-Agenten-Theorie und Transaktionskostenansatz; Neuried: ars una.

TUI Deutschland GmbH (2008):
Eintauchen in die Welt der Schönheit mit NIVEAU und ROBINSON – Erste NIVEAU BEAUTY WEEK im ROBINSON club Esquinzo Playa; http://www.tui-deutschland.de/td/de/ pressemedien/pressemeldungen/2008/august/12_robinson_nivea.html, Stand: 11.09.2008.

Vizjak, Andrej (1990):
Wachstumspotentiale durch Strategische Partnerschaften; München: Verlag Barbara Kirsch.

Vossen, Manfred (2008):
Bacardi startet CSR-Kampagne; in: Lebensmittel-Zeitung, 15, 11.04.2008, S. 14.

Willhardt, Rahel (2007):
Das seltsame Paarungsverhalten von Marken; in: absatzwirtschaft, 7/2007, S. 40-43.

Wohlgemuth, Oliver (2002):
Management netzwerkartiger Kooperationen. Instrumente für die unternehmensübergreifende Steuerung; Wiesbaden: Deutscher Universitäts-Verlag.

Woisetschläger, David (2006):
Markenwirkung von Sponsoring. Eine Zeitreihenanalyse am Beispiel des Formel 1-Engagaments eines Automobilherstellers; Wiesbaden: Deutscher Universitäts-Verlag.

Wübker, Georg/Niemayer, Frank/Voigt, Sebastian (2007):
Systematische Preispolitik zur Ertragsstärkung. Bundling ist ein Weg aus der Null-Preis-Falle; in: Betriebswirtschaftliche Blätter, August 2007, Nr. 08, S. 426 ff.

Zentes, Joachim/Swoboda, Bernhard/Morschett, Dirk (Hrsg.) (2003):
Kooperationen, Allianzen und Netzwerke: Grundlagen – Ansätze – Perspektiven; Wiesbaden: Gabler.

Zentes, Joachim (1992):
Strategische Partnerschaften im Handel; Stuttgart: Poeschel.

# MEDIENMANAGEMENT

Herausgegeben von Prof. Dr. Thomas Breyer-Mayländer, Offenburg

Band 1
Lars Neumann
**Ideenfindung in der inhaltlichen Konzeption interaktiver Projekte**
Lohmar – Köln 2003 • 202 S. • € 43,- (D) • ISBN 3-89936-171-7

Band 2
Bettina Gebhardt
**Musikdownloads von Jugendlichen** – Eine empirische Studie zur Zukunft der Musikindustrie
Lohmar – Köln 2006 • 114 S. • € 36,- (D)
ISBN-13: 978-3-89936-543-6 • ISBN-10: 3-89936-543-7

Band 3
Petra Branz
**Effizienz und Effektivität von Marketingkooperationen**
Lohmar – Köln 2009 • 124 S. • € 41,- (D) • ISBN 978-3-89936-771-3

JOSEF EUL VERLAG